普通のサラリーマン、ラジオパーソナリティになる

佐久間宣行のオールナイトニッポン0(ZERO) 2019—2021

佐久間宣行

はじめに

『佐久間宣行のオールナイトニッポン0（ZERO）』は、すごく恥ずかしい言い方をすれば、僕のラジオ愛やエンタメ愛と、リスナーの番組愛みたいなものがブレンドされ、そこにくだらなさが加わってできている番組です。

過激で刺激的な番組ではありませんが、僕がずっと聴いてきたような古きよき深夜ラジオのテイストなんかもあって、初めての方にも聴きやすい番組になっていると思います。おかげさまで、「もう1回、ラジオを聴いてみようかな」という中高年の方や、「働いたり、家族を持ったりするのってけっこう大変なのかな？」という若者にも聴いてもらえています。

そんな番組の2年間、僕の会社員時代がまとめられ、本になりました。サラリーマンがラジオパーソナリティになったと思ったら、番組が3年目を迎えると同時にサラリーマンを辞めてしまったわけですが、個人的には悩んでばかりの会社員時代だったと思います。

でも、改めて振り返ってみると、いろんなことにチャレンジさせてくれた会社には感謝しかありません。男子校出身で、大学に進学しても東京に慣れるだけで4年間が終わってしまった僕にとって、社会人時代がようやく迎えられた青春時代だったような気がします。

この2年で、サラリーマンなのにラジオ番組を始めて、戸惑いながらも1歩ずつ夢を叶え、コロナ禍となり慣れないリモートワークと格闘し、それもラジオで話していき、最終的には会社を辞めてしまうという……本当にいろんなことがありました。パーソナリティ本人がここまで激動期を迎えていることもそうないので、本書ではそのドキュメント感も楽しんでいただければなと思います。

佐久間宣行

目次

Cover Illustration：ゆうきまさみ
Coloring：雨色

自己紹介

佐久間宣行とは何者か、なぜテレビ局員がオールナイトニッポン0のパーソナリティになったのか、佐久間のニッポン放送への思いとは……レギュラー放送初回オープニングでの、本人による自己紹介。

初回放送

2019年4月3日放送

ラジオパーソナリティ
佐久間宣行

こんばんは、テレビ東京の佐久間宣行です。乃木坂46の新内眞衣さんお疲れ様でした。2019年4月3日水曜日、この時間は私、テレビ東京の佐久間宣行がお送りして参りますと。

あの〜、お待ちください、乃木坂46のファンのみなさん。10分だけでもいいから聴いてください。まず、人となりだけ説明させてほしい。申し訳ないです。佐久間宣行っていうのは誰か。テレビ東京の社員です。普段、テレビ番組をつくってます。もう13年、『ゴッドタン』(※1)っていう土曜深夜のお笑い番組をつくってるのと、最近だと夕方の帯に『青春高校3年C組』(※2)のプロデューサーをやってます。出身は福島県のいわき市です。いわき市というと、これもうみなさんご存知ですよね、アルコ&ピースの平子(祐希)、ゴー☆ジャス、あかつ……**お笑い**

の聖地。フッハッハハハ～！　ラジオスターと、ゲーム実況者と、『水曜日のダウンタウン』のおもちゃの出身地。彼らが生まれた場所から出てきた、1975年生まれのおじさんです。

43歳で、嫁と中1の娘がいるんですけれども、なんで素人のおじさんがしゃべってるのかっていう。それを知らないと……まあ昔、よく言われてたもんね、『アルコ&ピースのオールナイトニッポン』で**「テレビ東京にコネ入社で入った」**って。それは違うの。これもコネだと思われるから。

実は、なんでテレ東の社員がニッポン放送でしゃべってるかというとですね、1回だけ、2015年に特番でオールナイトニッポンR、土曜の2部ですね、やらせてもらったんですよ。それはなんでかというと、そのころ、ニッポン放送ではいまはなき（笑）、アルコ&ピースがオールナイトニッポンをやってて、僕のことを「コネ入社」とかイジるから、**1回乱入したんだよね。**

乱入っていうか呼びつけられたときに、アルコ&ピースの酒井に「佐久間おまえ、オールナイトニッポンがずっと夢だったたって俺に言ってたじゃねえか」と。で、「タイトルコールしていいぞ」って言われたんだけど、**俺、あまりの緊張で、「オールナイトニッポン」っ**

て言わないで、「オールナイトニッポン0」って言ったのよ。そのときに、「なんでおまえ、謙虚に深夜3時なんだ！」（※3）みたいなことがあって、オールナイトニッポンRを1回やらせてもらったのね。

それが3年前で、そのときのディレクターの石井（玄）くんとかは、毎年（レギュラー化の）企画書を出してくれてたわけ。でも、やっぱり会社員だし、内容は評価されたけど、3年間ニッポン放送ではやれなかった。そしたら去年、『AKB48のオールナイトニッポン』で、青春高校をいっしょにやってる中井りかさんが初めてひとりでやったときかな、2時ぐらいに僕の携帯が鳴って、「佐久間さん、ひとりでやってるとさびしいから来てよ」みたいに言われて。あとそのときに、なんだったっけな、「**プリン買ってきて**」って言われたのかな。フッハッハ。それでまた乱入して。

それが3回ぐらいあったんだよね。1回乱入して、しゃべってプリン持ってって。そのあと、中井さんが撮られて。ウハハハハ。そのあとのオールナイトでまた呼ばれて。で、また乱入して。3回乱入したんですよ。もうだから、バラエティーでいうと泉谷しげるさんの乱入ぐらい台本どおりの乱入ね。フハハハ。台本にもう「乱入」って書いてあるやつね。そのトークが評価されたということで、ニッポン放送からオールナイトニッポン0のレギュラーとしてオファーいただいたという。そんなことってありますかね？

だから俺、過去にオールナイトニッポンに4乱入してんのね。**4乱入して、やっと1レギュラー。**テレビでもなかなかないことなんだけど、ちゃんと結果を出していってのレギュラーだからね。**ポッと出でもないし、コネ入社でもない。これだけはわかってほしい。**ニッポン放送がオファーを出そうと思ったくわしい経緯は聞いてないんだけど、ニッポン放送がたぶん、テレビ東京と同じぐらいゆるい会社だから実現した奇跡のタッグだよね、これ。テレビ東京、誰も怒ってないもん。「夢叶ってよかったな～」って言われるもんね。

で、えっと～、僕は、とにかくいまテンションが上がってるんですよ。それはなんでかというと、オールナイトニッポンがホントに夢だったんです。ラジオが大好きで、第一志望がニッポン放送で、ニッポン放送に入りたくて就職活動して、3次で落ちたんです。僕はニッポン放送に落ちてテレビ東京に行ったんですよ。

ちょっと話ずれちゃうけど、そのことを昨日の夜ですよ、青春高校の1年目のADにすげー語ったの。「俺はニッポン放送に落ちて、でも夢を諦めなかったらオールナイトニッポンやることになったんだよ！」って。そしたら「**あ、そうなんすかぁ～。俺、ニッポン放**

送蹴りました〜」って、その1年目のやつが。フハハハハハ〜。いや、マジでホントに、西崎！

俺が熱く語ったあと、「あ、そうすか〜。俺、ニッポン放送蹴りました〜」。超かっこわりぃの。

「**お、おおう……じゃあ〜解散！**」って言ったもんね。

で、43歳にして夢が叶ってですね、オールナイトニッポンをやれるようになったってことで、説明が長くなったんですけど、やるからには1部目指します。で、リスナーのみなさんと楽しい時間を共有できればなと思っております。ということで、いいのかな？　夢の……いい？

いやなんかさ、俺だけテンション上がってて、サブのやつらが「このおじさん、テンション上がってんな〜」って感じで半笑いなのよ。「夢叶ったな〜」って顔してんの。まあいいよ。じゃあ、ちょっとやらせていただきます。フッハッハ。**それでは始めていきましょう！**

佐久間宣行のオールナイトニッポン0！　ハッ！　やったぜ！


（※1）おぎやはぎ、劇団ひとりによるお笑いバラエティ。2005年からレギュラー放送を開始。芸人たちが本気でつくった「マジ歌」を披露する「マジ歌選手権」や、出場芸人がセクシー女優のキス の誘惑をかわす「キス我慢選手権」など、多くの人気企画を生み出した。

（※2）帯枠での放送から月曜深夜の放送へと形を変えながら、2018年〜2021年春まで放送された青春バラエティ。「理想のクラスをつくる」をコンセプトにオーディションが行われ、選ばれたメンバーが生徒として出演していた。

（※3）放送時、実際には「オールナイトニッポンR」とコールしていた。『オールナイトニッポン0（ZERO）』は『オールナイトニッポン』の2部にあたり、深夜3時から放送している。『オールナイトニッポンR』は、土曜深夜3時から放送されていた枠で（2018年まで）、単発、週替わりなどでパーソナリティが入れ替わっていた。

佐久間の1週間

フリートークでは、多忙な毎日や仕事の合間に起きた出来事、仕事中のハプニングなどについて話すことが多い佐久間。普段、どのようなスケジュールで過ごしているのだろうか。トークの内容がちょっとだけリアルになる、佐久間の1週間（2021年春）をご紹介。

月曜日	『ゴッドタン』と『あちこちオードリー』の定例会議、新番組の会議、『あちこちオードリー』のMA（音の仕上げ）など、朝から晩まで会議や作業がつまっている。
火曜日	午前〜昼ごろは特番系の会議。夕方ごろに取材を入れることが多い。
水曜日	午前中は『あちこちオードリー』の今後の展開に関する会議。午後は『ゴッドタン』のMA。隔週で16時〜21時ぐらいに『あちこちオードリー』の収録が入る。その後、『ゴッドタン』や『あちこちオードリー』のプレビュー（編集チェック）を行う場合もある。軽く仮眠とってニッポン放送へ。27時から『佐久間宣行のオールナイトニッポン0（ZERO）』放送。

木曜日	朝、ラジオを終えて帰宅、就寝。隔週で終日『ゴッドタン』の収録（11時〜19時、もしくは14時〜22時ぐらい）。『ゴッドタン』の収録がない週は、取材や特番収録など。企画が難航したときは、ギリギリまで編集直しをしていることもある。
金曜日	午前から午後にかけて取材か、分会（番組の中の1企画や、ひとつの台本のチェックなど、全員で集まらない会議）。夕方にドラマ『生きるとか死ぬとか父親とか』のMA。このときはドラマだが、シーズン単位でそのときに担当している番組の作業を行っている。
土曜日	配信によるレギュラー番組制作の打診が来ており、会議をしているところ。また、特番を担当しているときは、その会議も行う。
日曜日	原則お休み。ここ何週間かはイレギュラーの仕事が入っているため、その作業を行っている。夜は翌日の会議の準備をすることが多い。

「前の仕事がスムーズにいって何もなければ、23時〜24時半ぐらいまで仮眠がとれるっていう感じですね。『お、今日は仮眠とれるな』みたいな。ニッポン放送入りするのは、だいたい25時前後で、24時台に入ることもあります」（佐久間）

普通のサラリーマンがラジオパーソナリティになるまで

佐久間宣行

裏方としてテレビ番組を制作してきたサラリーマンが、ラジオパーソナリティとしてどのようにラジオやトークと向き合ってきたのか。本人がこれまでの2年間を振り返りながら、自分の特性、トークのつくり方、リスナーの存在、サラリーマンであったことなどについて語る。

自分にどんなラジオができるのか？

『佐久間宣行のオールナイトニッポン0（ZERO）』をやらせてもらえることになって、まず考えたのは「ひとりでどうしゃべるか」でした。コンビ芸人さんのように相方がいるわけではないので、ずっとひとりでしゃべらないといけない。

最初は、昔に録音していたひとりしゃべりスタイルのラジオ音源を聴き返してみたり、伊集院光さんや、バカリズムさん、南海キャンディーズの山ちゃん（山里亮太）など、ひとりでしゃべる人のラジオを改めて聴いてみたりしたんですけど……全然参考にならないなと（笑）。みんなトークのプロだからとても真似できない、これはムリだなと思いました。

その結果、僕の場合はちゃんと準備をしたほうがいいんじゃないかと思い、フリートークは身のまわりで起きたことを箇条書きにしてまとめ、構成まで自分で考えて持っていくようにしたんです。番組内でかける曲も、数か月分、少なくともひと月かふた月先まで自分で候補を出しておいて、さらに候補を絞った中からかけたい曲を選ぶようにしました。

トークのメモや構成については、最近のほうがより細かく具体的になったかもしれません。番組が始まった当初は、ネタと話の大枠ぐらいしか用意していなかったので。でも、自分が普段テレビ番組をつくるときと同じくらいのテンションでしっかり準備したうえで、本番ではそのときに起きたことを楽しむようにしたほうがうまくいくなと思ったんです。こうして自分のやり方を見つけていくまでに、2～3か月はかかりましたね。

ただ、自分で考えて準備していたのは、あくまでフリートークが中心です。番組づくりに関しては、とにかくスタッフ陣に任せようと思っていました。バラエティ番組の制作現場でも、MCがこちらに任せてくれて、とりあえず用意した企画を全部やってくれたほうが気持ちよく番組がつくれるんですよね。だからこそ、ラジオのスタッフはディレクターも作家も僕より年下なんですけど、その人たちが提示するものを1回やってみようと思ったんです。

例えば、最初はオープニングにもきっちりとしたエピソードトークを用意していたんですけど、作家の福田（卓也）くんから「（オープニングは）大人として『社会のニュースをどう楽しむか』みたいなところから入ったほうがいいんじゃないですかね」と言われて、ニュースを取り上げるようになったり。

ほかにはない「自分の特性」を考える

フリートークで話す内容については、そのときに出したいネタと自分の特性をかけ合わせたものにしようと考えていましたが、その特性の部分が最初はうまくつかめていませんでしたね。世の中の人が自分のどの部分に引っかかりを持ってくれるのかを、少しずつ模索していたような気がします。

それこそ、初期はプライベートな話ってあまりしていなかったと思うんです。だって、ほとんどの人は僕のことなんて知らないじゃないですか。だから、「知らないおじさんの家族の話を急にされてもな……」なんて思われるんじゃないかと考え、まずは僕が提供できる情報で、みんなが興味のありそうなものを聞いてもらおうとしていました。芸人さんの話とか、お笑い番組のつくり方とか。どうせラジオをやるなら、みんなに喜んでもらいたいので。

でも、番組を半年くらいやっていくうちに、「大人として仕事をする話」にも興味を持ってもらえることがわかってきたんです。それから徐々に、会社で働くことのおもしろさや大変さなんかもトークに織り交ぜていくようになりました。

家族の話をするようになったのも、コロナ禍になってからだと思います。緊急事態宣言によって家族と過ごす時間が増えたから、というのもありますが、家族のエピソードが話せる深夜ラジオのパーソナリティってあんまりいないよなって気がついたんですよね。オールナイトニッポンに思春期の子どもがいるパーソナリティなんていないじゃないですか（笑）。ほかに話せる人がいないという意味では、家族の話ができるのも自分の特性のひとつだと思えるようになったんです。

一方で、自分が伝えたいと思っていることを発信している側面もあります。「僕がおもしろいと思ったものをみんなにも知ってほしい」という気持ちがあって、ラジオだけでなくテレビ番組をつくるモチベーションにもなっているので。「この劇団、売れてくれたらうれしいな」とか、「このタレント、おもしろいのになんで売れてないんだろう。もっと知ってほしいな」とか、「この配信ドラマをシーズン1で終わらせないためにも、みんなに観てほしい」とか、そういう気持ちもラジオを通じて伝えたいなと思っています。

トークで大切なのは、「ちょっと聞いてくれよ!」という気持ち

実際のトークづくりについては、とにかく日常で起きた出来事をメモするようにしています。「こんなことが起きた」、「こんなことを思った」というのを忘れないうちに書き出しておく。それを日曜の夜ぐらいに振り返って、できるだけ直

近に起きた出来事の中からトークになりそうなものを選んで、もう少し細かいメモ（構成）に落とし込んでいきます。

選ぶときの基準として、「恥ずかしい〜」と思ったとか、感情が動いた出来事のほうがうまく話せる気がしますが、これは本番でしゃべりながら感じるようになったことです。「起こった出来事をどういう順番で話すか」ぐらいしか意識できなかったのが、少しずつ余裕ができてきて、感情の部分もちょっと表現できるようになってきたというか。

やっぱり、単に「こういう事件が起きました」と報告するように話すよりも、まず自分が「いや、ちょっと聞いてくれよ！」っていうテンションになっているほうが、話していても楽しいし、聞いてもらえるんじゃないかと思うんです。誰かに話さないとモヤモヤしそうなことなんかも、ラジオがあると吐き出せる。逆に、「俺がどう思うかよりも、起きた出来事のおもしろさで勝負しないとダメなんだろうな」と思っていたころは、フリートークも苦しかったんですよね。

次に、興味を持ってもらえそうな形にエピソードを落とし込んでいくのですが、この部分については、テレビの仕事をしてきた経験が多少役立っているかもしれません。テレビ番組を編集する側として、芸人さんの話を聞いて「ちょっと長いかもね」などと意見を言うこともあるので、自分のトークのメモをつくっているときも、「この部分、いらないな」といった判断をしながらまとめています。

あと注意しているのは、「その話のどこがおもしろいと思ったのか」という原点を忘れないことです。そこがブレると、人に伝わりにくくなってしまう。僕はテレビの企画をプレゼンするときも、「ここがおもしろいから、これをやりたいんです」というメインのコンセプトだけはしっかり固めて説明するようにしています。そこがぼんやりしている企画はそもそも通らないし、通ったとしても本質からズレた企画になってしまって、うまくいかないことのほうが多いんです。

こうした作業を経たうえで、僕の場合は放送前に作家にエピソードを話すことで、より客観的な意見をもらっています。多少は自分で判断できますが、プロではないのでトークの長さやおもしろい要素など、自分では気づけない部分も多いんです。「ここの部分がおもしろかったんですけど、そのとき佐久間さんはどう感じてたんですか?」と聞かれて、「実は内心こう思ってたんだよね」と答えながら自分の感情について語る要素を増やすなど、作家とのやりとりを通じて放送で話せるようなトークに仕上げています。

それに、一度作家に話しておくと、本番で自信を持って話せるようになるんです。僕の場合は、自信のない話だと「伝わってんのかな?」と不安になり、つい余計な説明を付け加えてしまったり、フリが長くなったりしてしまう。でも、作家に話すことによって、「このくらいの説明で伝わるんだな」というラインがわかってくるんです。だから、トークもチームでつくっているという感覚はありますね。

ちなみに、僕がトークを練り上げるために『ゴッドタン』の会議で試していると言われますが、正確に言うと順番が逆なんですよ。『ゴッドタン』の会議っていつも雑談から始まるんですけど、そこでウケた話をラジオに持っていくことが多いだけで。それに気づいた『ゴッドタン』スタッフに「うちの会議でトーク試してるんじゃねえ」って言われたっていう（笑）。会議で長々とフリートークをしようと思っているわけじゃないですからね。

誰かに話せるエピソードがたくさんある人生は楽しい

トークのために自分の感情を見つめる機会が増えましたが、それって自分を知ることにもつながるんですよね。僕の場合は、自分という人間の小ささを思い知ることになったんですけど……。だいたい見栄を張りたい、失敗を認めたくない、ミスがバレないようにしたいっていう気持ちで行動していることがわかってきました（笑）。

実際、仕事以外のことになると本当にうかつだし、無頓着で。自分のことはどうでもいいんですよ。服なんかもどうでもよくて、かけてあるものをただ着るだけなんです。

この前も、僕の部屋にかけてあった洗濯物から、黒のインナーTシャツをとって着たらめちゃくちゃ小さくて。でも、伸縮性のある素材なので、「ギリギリいけるな。それにしても俺、太ったな〜」なんて思いながら着てたんです。全然動けないのに。そうしたら、娘から「え、何やってんの?」って言われて。それ、娘のものだったんですよ。めちゃくちゃキレられましたね。あとで考えると信じられないじゃないですか? でも、そのときは疑問を持たないんですよね。

ラジオで話していたらミスなんかにも気をつけるようになるのかなとも思いましたが、変わんないですね、人間はね。キャッシュカードだって、まだ使えてないんですから(※1)。消しゴムでICチップをこすったら使えるっていうメールをもらいましたけど、あれも成功したのは1回きりでした。だから僕、いまクレジットカードでキャッシングしてるんですよ。銀行に行くヒマもなくて、お金を借りてる状態。この歳になってクレジットカードでキャッシング……大学生ですよね、マジで。ヤバいですよ。

あと、決断することも苦手なんですよね。お昼に何を食べたいのか、自分の気分がわからないまま1時間歩いたりしますから。服を買いに行けないのも、決断したくないからなんです。気がついたら、ユニクロで毎シーズン同じ服を買い続けているだけだったりする。これも奥さんにキレられましたね。「同じもの持ってんじゃねーか」って。それで「ヨレヨレだったから」ってウソをついたら、タンスを全部開けられて、前の服を引っ張り出されて、「全然ヨレヨレじゃねーじゃねーか、まったく同じもんじゃねーか」みたいに言われて（笑）。

ただ、人間はそんなに簡単に変われないなと思う一方、ラジオのおかげで変われた部分もあるんです。特に、行動力はだいぶ高まったと思います。

僕は本当にめんどくさがりだしインドア派で、プライベートは家でずっと漫画や本を読んでいるだけでいいというタイプなんです。でも、番組が始まって1年くらい経ったあたりから、ちょっとでも興味を持ったことがあると、「成功しても失敗しても、ラジオでしゃべれるしな」と思って行動できるようになりました。ラジオのために行動するというよりは、ラジオが行動を後押ししてくれるような感じですね。

それこそ、ラジオをやっていなかったら、ひとりでディズニーランドに行くようなこともなかったと思うんです(※2)。ディズニーランドには前からちょっと行ってみたかったんですよ。娘がいっしょに行ってくれなくなってから数年行ってなかったし、まともにアトラクションも乗ったことがなかったので、「このまま一生行かないのかな?」と思っていたんです。でも、「最悪、ラジオでしゃべれるしな」と思ったら、ひとりで行けちゃったんですよね。

僕の場合はラジオがきっかけですけど、気になることがあれば、何かしら行動を起こしてみるといい。何が起きても、それを誰かに話せるじゃないですか。誰かに話せるエピソードがたくさんある人生のほうが楽しいなって思うんです。

（※1）　2021年4月7日の放送での、箱根神社へお参りに行こうとしたエピソードより。現金の持ち合わせがなく小田原でATMに入ったが、ICチップの不具合でキャッシュカードが使えず、ピンチに陥った。

（※2）　2020年11月18日の放送より。佐久間はぽっかり空いた平日に、ひとりでディズニーランドを訪れたエピソードを披露した。

番組をやってみて気づいた、リスナーの存在

ラジオをやるようになって何より驚いたのは、リスナーのおもしろさですね。

ホントに「おもしれーなぁ」と思って。僕がパーソナリティのおもしろさやカリスマ性が前面に出たラジオを多く聴いてきたからかもしれませんが、リスナーが番組を引っ張ってくれることに驚いたんですよね。番組の展開をリスナーに委ねたり、リスナーにメールで流れをつくってもらったりすることで、自分では想像できないところにまでたどり着くことができる。ラジオのおもしろさとして再発見した部分ですね。

　僕自身、カリスマ性があるわけでもないし、どちらかといえば鷹揚な性格なので、リスナーに委ねる形が向いているし、楽しいなと思います。スタッフも僕の性格をわかっているので、「こいつにはこのぐらい踏み込んでも大丈夫だろ」ってうまくメールを選んでくれています。そこはスタッフのセンスですよね。そういう意味では、みんなひっくるめたチームによって番組の色ができていったと思います。

あと、リスナーの幅の広さにも驚きました。最初はやっぱり「誰が俺に興味あるんだろう？」と思っていたので、リスナーのイメージも全然つかめなくて。「僕がやってるテレビ番組が好きな人たちかな？」くらいに考えていたんですけど、思っていたよりもいろんな人が聴いてくれていることがわかりました。

長らくラジオを聴かなくなっていた人が、radikoのタイムフリー（※3）によって戻ってきてくれたという話も聞きますし、働き始めたばかりのサラリーマンや、悩みを抱えた大学生なんかも聴いてくれているみたいで。飲み屋で一流企業の広報部長みたいなおじさんから、帰り際にサラッと「あ、ラジオ聴いてます」って声をかけられたり、サウナに入ったら大学生みたいなヤツに真っ裸の状態で話しかけられたり（笑）、いろんな人が聴いてくれていることを実感する場面も増えました。そのことがわかってからは、逆にリスナー像をあまり意識しないでしゃべるようになったかもしれません。

まあ、リスナーやスタッフに委ねすぎて、「なんでこんなことになったんだ……」と思うこともあります（笑）。でも、それもラジオの醍醐味だと思えるのは、やっぱり自分がラジオリスナーだったからなんですよね。

それこそ、「船長」なんて呼ばれるのは絶対にイヤでしたよ（※4）。だって、木村拓哉さんのラジオとかぶることをやる意味がわからないでしょ（※5）。僕は最後まで抵抗しましたよ。でも、きっかけをつくったのは自分だし、それが止められない流れだということもわかっているんです。

だから、番組イベントでギターを弾けと言われれば、ムリだと言いながらもやるんですよね、それも含めてラジオが楽しいから。「なんで俺が……」と思いながらも、「ああ、俺、ラジオやってんなぁ……」って噛みしめるというか。いまだにラジオをやっていることへの感動があるから、毎週水曜は朝からラジオが楽しみなんですよ。

（※3） スマホやパソコンでラジオが聴けるradikoには、1週間以内に放送された番組があとから聴けるタイムフリー聴取機能がある。

（※4） 佐久間の「深夜ラジオっぽいことを全部やりたい」という希望から、番組の締めのあいさつをリスナーに募集。結果、コーナーメールのネタをもとに「野郎ども、港に別れを告げろ、ヨーソロー！」という言葉で番組を締めた。これをきっかけに、佐久間は「船長」、リスナーは「クルー」と称される流れに。

（※5） 木村拓哉がパーソナリティを務めるラジオ番組の中では、番組という船の船長である木村は「キャプテン」、リスナーは「乗組員」と呼ばれている。

サラリーマンパーソナリティの働き方、戦い方

テレビマンとして働きながらラジオのパーソナリティもやっていると、「大変じゃないですか？」と聞かれることもありますが、自分の中でバランスはとれているほうだと思います。

そもそもラジオをやるまでは、同業の人にも家庭をまったく顧みない、仕事だけしているヤツだと思われていたみたいなんですよね。それなりの数の番組を担当しているからだと思いますが、ラジオで家族の話をして「ウソだろ？」とびっくりされたりします。

あと、話はズレますが、つくっている番組の印象から、僕のことをめちゃくちゃクレイジーなヤツだと思っている人もいて（笑）。特に『ゴッドタン』をちょっ

と知っている人なんかは過激な企画の印象しかないから、人を人とも思わないようなヤツがつくっているんじゃないかと思われたりします。

先日も阿川佐和子さんと対談したんですけど、阿川さんに資料として渡されたのが『ゴッドタン』のキングコング西野（亮廣）くんの回（※6）とか、クレイジーな企画ばっかりだったみたいで……めちゃくちゃイカついヤツが来ると思われていたんですよね。対談したら誤解は解けましたが、逆に「よくあんなのつくってるわね？」と言われました（笑）。

でも、仕事に関しては、テレビのスタッフがラジオのことも考慮してくれるおかげで、うまくやれています。VTRチェック用の素材を送るタイミングを、ラジオ前とラジオ終了直後ぐらいにしてくれたり。ラジオが終わって寝ているようなタイミングは避けてくれるんです。そういう気遣いは本当にありがたいですね。

番組やトークの特色としても、会社員だったことは武器になっていると思います。スターであるほかのパーソナリティたちが自ら放つ輝きや、自身が抱える悩みで埋めていく時間に、僕は組織やチームの話を当てることができる。組織や上司の考え方とどう向き合うか、部下や後輩の育成をどうするか、そんなテーマで話せるパーソナリティはあまりいませんよね。

また、会社員として語ることで、マスコミの裏側、テレビ番組のつくり方といった面に興味を持つだけでなく、「そこで働いているのも同じ会社員なんだな」と感じてくれるリスナーも増えてきました。

とかくマスコミというのは、偉そうなヤツが偉そうな気持ちでつくっているんだろうと思われがちじゃないですか。でも、マスコミの人間も同じ会社員で、まわりには優秀なヤツもいれば、そうでもないヤツもいたりなんかして、みんな悩みながら働いている。そういう意味では自分たちと同じなんだと、共感してもらえたのはうれしかったですね。

（※6）『ゴッドタン』の名物シリーズのひとつ。特に劇団ひとりと西野のバトルという構図になってからは、お互いの服を破き合う、自らの髪を切り合う、生尻を相手の顔に近づけ合うなど、業界も騒然とするほど過激化していった。

サラリーマンが好きなことを仕事にするには？

会社員でありながらラジオパーソナリティになるという夢を叶えたことで、組織の中で好きなことをやれている人間だと見られるようにもなりました。それによって同じ会社員や就職を控えた大学生からメールやSNSのダイレクトメールをいただくことも増えましたが、その内容は年代によって大きくふたつの傾向がありますね。

若い社会人や大学生からは、「佐久間さんみたいに仕事を楽しむにはどうしたらいいですか？」といった相談が多く、僕と同じような世代の方々からは、この年で夢を叶えたことに触れて「勇気をもらいました」といった言葉をいただきます。

若い世代から悩みを吐露されれば返事をすることもあるのですが、そんなに甘いことは言わないですね。組織の中で楽しくやるために、自分が何をしてきたかを伝えます。つらかったら辞めてもいいし、組織の中で自分が好きなことをやりたいなら、そのために必要なことをやるべきだと。組織の中で楽しくやるには、自分の好きなことを見つけることと、それが自分の武器であることを知ってもらうこと、その両方が大事だと思います。

好きなこと、やりたいことがあるなら、アピールしなければ意味がない。会社の中で知ってもらえていなければ、好きなことなんてできませんよね。僕の場合はお笑いやドラマに関する企画書を通らなくても出し続けたことで、自分のやりたいことを知ってもらうことができたんです。

ただ、自分に武器と言えるほどのものがあるのか自信がなかったので、20代のころはとにかく任された仕事は全部やろうと思っていました。そうしているうちに、スタジオでの収録を仕切るフロアディレクターとしての仕事ぶりなどが評価され、テレビマンとしてようやく信用を得られるようになったんです。

その結果、「あいつはバラエティをやりたがっていたから、やらせてみよう」と会社側に思ってもらえるようになりました。このように回り道をしてきたことで、結果的に社内に自分を信頼してくれる味方も増えていったので、比較的好きなことをやれるようになったんじゃないかと思っています。

もちろん、才能がある人は最初から優れた企画を出して自分のやりたいことを実現していけばいいわけですし、誰にでも当てはまることではないと思います。僕の場合は、性格的にも自分を押し出すというよりはチームとして評価されたいし、みんなに出世してほしいという思いもあるので。番組の中でスタッフがイジられるような場面をつくるのも、それで名前が売れてくれるといいなと思うからなんです。

結局、仕事をしていて一番楽しいのは、おもしろい仕事したあとにみんなでお酒を飲んでいるときなんですよ。自分だけ評価されたり、自分だけ儲けたりしていると、楽しく飲めないじゃないですか。打ち上げメインの仕事をしてるから、打ち上げの空気が悪くなるようなことはしたくないんですよね（笑）。

3年目は恩返しの年にしたい

改めて振り返ってみても、まさか番組が3年目を迎えられるとは思いませんでしたね。最初は絶対に1年で終わるというか、「続けられるだろうか？」と考えたことすらなくて。「1年だけの番組だから、一生の思い出になるようにしよう」と思ってやっていたら、2年目に突入することになりました。

2年目はコロナ禍に直面したことで、ラジオがあったから助かったと思うことがたくさんありました。どうしても自分ひとりで家にいることが増えたじゃないですか。そんなときに、僕もリスナーとしてラジオに救われたし、パーソナリティとしても大変な状況をみんなと分かち合うことができて、精神的に助けられたんですよね。

エンタメ業界も受難の年となり、これからどうなるかもわかりませんが、自分としてはラジオとエンタメに恩返ししたいという気持ちでいっぱいです。1年目はひたすら楽しくて、2年目に入ってラジオのすごさやラジオへの感謝を覚えました。3年目は、ラジオファン、そしてラジオのつくり手のみなさんに、ラジオ界にとって価値のある人間だと思ってもらえるように力を尽くしたい。「自分なら、こうすればこのジャンルをおもしろくすることができるな」と思えることは、臆せず挑戦していきたいと考えています。

そして、番組が続いているのは、やっぱりスタッフとリスナーのおかげです。自分の力だという感じが全然しないんですよ。基本的には毎週スタッフと打ち合わせして、リスナーからのおもしろいメールにゲラゲラ笑っているだけで。「ゲラゲラ笑ってリアクションしてたら、90分過ぎてた」みたいなイメージ。いまでもラジオに関しては、「楽しみにいく」という感覚がすごく強いんです。これでいいのかわかりませんが、本当にスタッフとリスナーのおかげで続いている気がしますね。

ラジオがずっと好きで、ラジオの「みんなでつくっていくムダ話」みたいな感じもすごく好きだったから、いまみたいな番組の形になったことが素直にうれしいし、楽しいんです。

これからもできる限り番組を続けながら、自分の理想が少しずつ形になれば最高ですね。伊集院さんがかつてラジオでやった「芳賀(はが)ゆい」(※7)みたいなプロジェクトがすごく好きで、ああいったラジオの中の妄想の産物というか、リスナーの悪ノリみたいなものでできあがった巨大なオブジェ、悪ふざけの塊みたいなものを、自分のラジオでもつくってみたいという気持ちはあるんです。でも、それって狙いすましてつくれるものではないので、そのためにはまず、リスナーといっしょに日々のラジオを楽しくやることが大事なんだろうなと思っています。

（※7）　１９８９年に『伊集院光のオールナイトニッポン』から生まれた架空のアイドル。伊集院がリスナーとともに細かくキャラクターを設定していくうちに、素顔を明かさぬ覆面アイドルとしてＣＤや写真集が発売されるなど、妄想が現実のプロジェクトへと広がっていった。

厳選フリートーク
お仕事編

仕事の話をするときは、自分が携わっているテレビの仕事と、一般的な会社員の仕事とのリンクを意識してますね。「送別会ってめんどくさいよね？」とか、「リモート会議ってむずかしくない？」とか、「辞表の書き方なんてわかんないよね？」みたいな。自分の身に起きた出来事と、そういう「あるある感」をつなげられるといいなと思ってしゃべっています。（佐久間）

地獄の送別会

2019年7月10日放送

テレビ局って人事異動の時期なんですね。僕も制作にはずっといるんだけど、サラリーマンだから人事には逆らえないから。今回は異動しなかったからいいけど、ラジオやってて異動したら大変だよ。経理とかに俺いて、**「テレビ東京の経理の佐久間です」**ってオールナイトニッポン……その可能性あんのよ、この番組。だから俺さ、人事異動の時期に気づいたの。「俺、経理とかマーケティングとかに行ったらどうすんだろうな?」って。しゃべること全部社内機密でしょ、だって。

先週も仲いい先輩が編成部に異動になったから、送別会に行ったんですよ。その先輩は偉くなったのもあって、みんな気持ちよく送別会に行けるから、年齢が近い25人ぐらいが集まって楽しく送別会やったんだけど、その途中で「うわっ」って思い出したの。**人生最悪な送別**

会っていうのが1コあって。それをフラッシュバックのように思い出したのよ。ずっと忘れてたんだけど。

10年以上前ぐらいね、俺が30手前ぐらいのときに、だから14～15年前か。ディレクターとして駆け出しのころに、ある番組やってた制作会社のプロデューサーが番組を外れることになったんですよ。15歳ぐらい年上の50近いプロデューサーがね。

その異動した理由が、ちょっとだらしない理由で、お酒の失敗とか、お金にもだらしないとか、そんなことだったんですよ。そのプロデューサーと飲みに行ったりするのも、みんなイヤだったの、ADも、若いディレクターの俺も。なんでかっていうと、俺はきっぱり断れるほうだけど、**ADさんとかだと、キャバクラに連れて行かれて、キャバクラの前で値切りをさせられるっていう。かつ、割り勘っていう。**フフフ。それは、俺は行ったことないからわかんないんだけど、行った先輩からこんなことがあったぞって言われて、地獄だなって。

そのプロデューサーに、クリスマスイブにキャバクラに誘われたことがあって。絶対行きたくないじゃん、なんの予定もないけど。で、飲みに誘われて、「佐久間行こうよ」「え、イヤです」

「なんで?」「いや、ちょっとあるんで」って。「おまえ、彼女とかいないだろ? クリスマスイブに何やるんだ?」「いや、ちょっとあるんで」つって。「何が?」「いや、まあまあ、あるんで」。なんにもねーけど。**それをスタジオの前で1時間やったことある。**フハハハハ。それぐらい苦手な人だったの。でも、送別会やりたくなかったけど、やらないと怒りそうな方だし、送り出すのはね、ちゃんとやったほうがいいからと思って。

一次会は、別の制作会社のプロデューサーの方がやったんですよ、温厚な方が。だから、40~50人いたのよ。それぞれの制作会社の方とか、テレビ東京のスタッフとか、プロデューサーとかADとかいて、なごやかだったんだけど。

AD陣とか俺とかは、そのプロデューサーに関わらないようにちょっと離れたところで楽しく飲んでたの。そしたら、案の定そのプロデューサーも徐々に酔い始めて、めんどくさい感じになってたんだけど、「うわ、とっとと帰ろう」と思ってたら、急に一次会の幹事だったプロデューサーの人が俺のところに来て、「二次会をやってくれるディレクターが、ちょっと番組のトラブルで直しに行かなきゃいけないから、**佐久間くん、悪いんだけど二次会の幹事やってくれよ**」って言われて。「うわ~、ヤだな~……まあディレクターで一番若いし、行くしかねーな」と思ったんだけど、ADを巻き込むのはヤだったから、けっこう人数いるから大丈夫だろうと思って、ADとかに「来なくていい、二次会。もう覚えてねーよ、酔っぱらってるから。大丈夫大丈夫、おじさんたちだけでやってもらうから、もう帰りな帰りな」って言いまくったの。

で、二次会のチラシもらったら、会場がここからゆっくり歩いたら15分ぐらいのところだったから、俺、二次会の幹事ってことは早めに行ったほうがいいなと思って、走って行ったのよ。走って行って、ガチャって開けたら、**40〜50人ぐらい入れる場所だったの**。だから、一次会の人がごっそり来ないとダメな場所だったの。「うわ、若手20人ぐらい帰したな〜。どうしよう」と思ったけど、まあまあみんな酔っぱらってるし、おじさんたちが20人ぐらい来たらなんとか形はとれるよな、と思って。店員の人に「来ますんで、まあそんなに飲まないと思うんで〜」とかって話しながら待ってたの。

一次会が終わったのが8時ぐらいで、二次会が9時ぐらいとかだったんだけど、**9時になっても、俺しかいないの**。で、「ちょっと待ってよ」と思ったんだけど、誰も来ないのよ。

40人の会場に俺ひとりなんだけど、「まあまあまあ、テレビの人はルーズだからなぁ」とか言って。で、9時5分になっても誰も来ないの。9時10分ぐらいになっても誰も来ないの。

メールとかするわけよ、いろんな人に。でも、無視。フハハハハ。

で、15分遅れて、その送られるプロデューサーだけ入ってきたの。ガラガラのところに。その人、見回して「はいはいはいはいはい……」って顔したの。たぶんだけど、**サプライズ的な何かを期待してるのよ。**ハハハハハ。「はいはい、こっちのパターンね」と。で、俺のことだけチラッと見て、「バレバレですけど?」「オッケーオッケー♪」みたいな感じで、ちょっと離れたところでひとりで飲み始めて。で、俺が2コぐらい離れたところで「どうしようかな～」と思いながら飲んでて、メール送ってるんだけど誰も返事がない。

そのプロデューサーも、そっから10分、飲んでチラチラ……なんのサプライズも起きない。その状況に業を煮やして、10分後、俺のテーブルのところに来て、ビール、グッて飲んで、「**佐久間さ、俺ってもしかして嫌われてる?**」。フハハハハッ! 「いやいやいやいやいや!」って言ったら、そのプロデューサー、手をね、(トレンディエンジェルの)「斎藤さんだぞ!」みたいにパッて出して、「**佐久間見て、これはわかるよ～**」。フハハハハ。「さすがにわかるよ～」「もうこれはダメ。佐久間見て、誰もいない」って。「なんか僕の仕切りが悪くてすいません」って言ったら、「いやいやいやいやいやいや、佐久間、そういう問題じゃないよな。これ見てくれよ！　誰もいないんだぞ」って両手パッて広げて。フフ。

「うわ～、地獄の空気だな～……」と思ったんだけど、そのプロデューサーが、またビールを手酌で注いでグッと飲み直して、「佐久間、いい機会だ。おまえさ、俺の悪いところ言ってくれ」って。「えっ!?」って言ったら、「いや、こうなったのは俺が悪いから。それはわかる。俺に悪いところがあんだろ？　おまえの口からハッキリ言ってよ、思いっきり。こういう場所で、俺とおまえしかいないんだよ。これ見て、俺とおまえしかいないんだよ？」つって、「斎藤さんだぞ！」みたいな感じで。

「うわ、気まずい」と思ったけど、眼光鋭く見られてるし、どうしようもねーな～と思って。で、よく考えたら、「もしかしたらこの人だって変わりたいかもしれない。この機会に変わるかもしれない」と思って、「あの～……こういう……まあその、みんなに好かれてないというか、そういうところはですね、**あの、女にだらしないんじゃないですかね？**」の、「ね」で、「**それは違う！**」って言われた。フハハハハ～！　「それは違う！　それは誤解だ！」ってすげーまくしたててくんのよ。「え、おまえそんなこと思ってたの？　え～、傷つくぅ。全然違うんですけど。それ何で思ったの？　佐久間は何で女にだらしないって思ったの？」って言われて、「いや、ちょっとウワサで聞いたんですけど、ナンパが〜」とかって言ったら、「いや、それウソだし。誰が言ったの、その話?」ってガンガンつめてくるわけ。さらに下向くしかなくて。

そしたらその人が、「いや、ほかにあんだろ、俺のダメなところ。なんかあんだろ?」って言われたら、「う〜ん……じゃあ、あれですかね、お金にだらしないというか、**ADと割り勘したりするじゃないですか**」の「か」で、「**それも違う!**」って言われた。「それは、みんながおっきく話してる。それも違うよ、佐久間。それ誰が言ってたの?」って。フハハハハ。ガンガンつめられたのよ。もう地獄の時間。「これはもう、ラチあかねーな」と思ってたんだけど、その後も沈黙20分ぐらい。ちびちび飲んでたの。

「もう悪いところ何言っても否定されるしな〜。早く帰りてーなぁ」と思ってたら、その人もつまんなくなったんだろうね、最後に「あのさ、佐久間さ、ここにいてもしょうがなくない?」つったの。「**キャバクラ行かない?**」って。フハハハハ! **行かねーから!** っていう話。だってさ、絶対に割り勘だからね。あ〜、でも、俺の送別会、何人来てくれるかなぁ。そんな目に遭いたくねーなぁ。

この日のプレイリスト

KREVA「音色～2019 Ver.～」

この日のおすすめグルメ

CRUZ BURGERS & CRAFT BEERS「ＢＢＱプルドポーク」（四谷）

加地さんと飲んだ

2019年10月2日放送

先週かな、久しぶりに加地さん（※1）と飲んだのよ。それが急に加地さんから連絡があって、「東京03のライブを観た」と。そのライブがあまりにもおもしろかったと。特にパッケージをつくってんのはオークラさん（※2）で、ラストのコントをオークラさんが書いてるっていうのを聞いて、「**すごく感激したから、佐久間くん、オークラさんを紹介してくれ**」って。「加地さん、自分で連絡すればいいじゃないですか」って言ったら、「作家って演出家とずっとやってる彼女みたいなところがあるじゃん。佐久間くんの彼女取るみたいだから、ちょっと気ぃ遣ってたのよ」と。「でも、俺も50超えてるし、制作キャリアもそう長くないだろうから、好きな人と会って、好きな人とおもしろいものつくりたいなと思って。だから、佐久間くん、悪いんだけどさ、紹介してよ」って言われて。

加地さんが店セッティングしてくれて、オークラさんと加地さんと俺の3人でメシ食うことになったんだけど、その2日前くらいかな。2日前くらいから、**「会わせたくないな」と思って。なんか、「取られちゃうな」と思って。**フハハハハッ！　それまでは全然思ってなかったのよ。「ああ、加地さん、紹介しよう。オークラさんもおもしろいからな」と思ってたんだけど、ずっと「会わせたくねーな……」って。フハハハハ。「オークラさん、忙しいって言ってたから断ってくんねーかな」と思って。「オークラさんさ、舞台かなんかの脚本書いてんじゃん。忙しいんじゃない？　加地さんのやつキャンセルしとく？　リスケしとく？」とかって言ったら、オークラさんが「いやいやいや、悪いんで。加地さんが店とってくれてるんですから、俺、行きますよ！」って言って。「クソッ」と思って。

で、当日さ、オークラさんといっしょに会議やってたから、そのままいっしょに加地さんのところに向かっていくのよ。なんかその、ヘンな気持ちでさ。オークラさんとふたりでさ、加地さんのとった店に。10分くらい早く着いたの。まあまあ後輩だから先に待とうと思って。ガラッと開けたら、加地さんが待ってんのよ、**ソワソワして。オークラさんに会いたくて。**フハハハハ〜！　おいおい、全員おじさん！

で、加地さんが立ち上がって、「あ、オークラさん、はじめまして」みたいな。俺のときにさ、あんなソワソワしてる加地さん見たことないわけよ。それで、「オークラさん、座ってくださ い」って、急に「ここは○○がうまいですから」みたいなこと言って。俺のときにこんないい店とってくれたことはないわけ。ちゃんとした店とってさ。

そんで、オークラさんが俺の隣に座って、加地さんが向かいで。乾杯したぐらいから、加地さんすぐさ、「とにかく、東京03の今回のライブおもしろかったです。オークラさんの最近やってる仕事って、全部おもしろいですよね」みたいな、ブワーッと加地さんがオークラさんのことほめてるのよ。で、そのとき気づいたんだよね。**「俺、最近ほめてねーな、オークラさん」**って。フハハハハッ！「しまった〜！」と思って。「俺、オークラさんと15年ぐらい仕事してるけど、最近こいつほめてねえな〜。マンネリになってたな〜」っていうのを加地さんに気づかされたのよ。「うわ、でも、いまここのタイミングでほめるのもあれだから」と思って、「東京03のオークラさんのコントって、10年ぐらい観てますけど、ずっとおもしろいんですよ」みたいな、**古参アピール**。フハハハハッ。「ずっとね、おもしろいんですよ。こいつは」みたいな。まあ、オークラさんのほうが年上なんだけど。

そんなようなこと言ってたら、「オークラさん、脚本家としてもあれなんじゃないですか。

たとえば、福田雄一さんみたいに。オークラさん、そっちのほうもいけるんじゃないですか？」とか加地さんが言うわけ。そしたら、オークラさんが「いやいやいや、そんなことないですよ～」みたいなこと言ってんのよ。**頬を赤らめてさ。**でさ、もう俺もさ、思ってたの。言ってないだけで。でも、もう遅いから。「それはありますよね！ でもな、どうなんですかね？オークラさんは脚本の道っていうよりお笑いやってたほうがいいっていうのもあるんですよね～」って、逆張りしたのよ。そしたら、オークラさんが「いや、お笑いだけじゃもうダメかもしれないですから、いろんなことやっていきたいです」って言われて、バッサリ。

その途中ぐらいから、俺、ちょっとずつ黙っちゃってさ。「あ、これか」と思って。**「俺、オークラさん、渡したくないかも」と思って。そしてこれが、本当の「おっさんずラブ」なのかと。**フハハハハ～ッ！ これもう、加地さん本気なのよ。で、「仕事頼んじゃおうかな～」とかって言ったときに、俺をチラチラ見るの。「いいよな？」みたいに。俺ももうなんか、悪いとか言えないから、「どうぞ」って……。

そしたら急に今度、加地さんが「俺、そういえば話変わるけど、会議の進め方に悩んでるんだよ」って。「どういうことですか？」って聞いたら、加地さんとか俺とか、総合演出もやるタイプはけっこう自分で仕切ってしゃべるんだけど、ほかの番組の会議とかいろいろ聞いていくと、番組によって会議の進め方が全然違うと。加地さんは最近、日テレの会議の進め方とかいろいろ知ったから、「いろんな人の会議に興味あるんだよね」って言うの。

で、「佐久間くんの会議さ、のぞかせてもらっていい？」って言われて。「えっ？」と思って。『ゴッドタン』の会議って、何時にやってんの？」「月曜の朝ですけど」「それさ、俺、行ってもいいかな？」って言われて。「後ろで見てるから。全然邪魔しないから、いいかな？」って。あの〜、ハッキリ言ったね、**「ぜってーヤだよ」**って。フハハハハッ。恥ずかしいし、やりにくいのもあるけど、まず、**俺とオークラさんがしゃべってるところ見られたくない**っていうのがあるから。フハハハ。そういうことがあったのよ。

それで、そんなオークラさんとね、もう1コか2コ番組増やさないとダメだと思って。もっと会議の時間をもらわないと。もっと会いたいから。フッハハハハ。もっと会いたいから、やんなきゃいけないってこともありまして、ひとつ発表があるんですよ。オークラさんと僕がやってる番組が、もうひとつ増えますっていう。ハハハハハ。**オークラさんと会議するぞ〜!!**

（※1）　加地倫三。テレビ朝日のプロデューサー・演出家。『ロンドンハーツ』、『アメトーーク！』などのバラエティ番組を手がけている。

（※2）　放送作家。『ゴッドタン』をはじめ、佐久間が担当する番組の多くに参加しているほか、バナナマン、東京03など、数々の芸人の単独ライブに携わっている。近年ではドラマや映画、舞台の脚本も手がけている。

この日のプレイリスト
忘れらんねえよ「この高鳴りをなんと呼ぶ」

この日のおすすめグルメ
みやざわ「たまごサンド」（銀座）

ビデオ会議中のトラブル

2020年5月6日放送

先週のオールナイト明けの話なんですけど、終わって5時ぐらいには家に帰るじゃないですか。で、本当はオールナイトの前に来てなきゃいけなかった、僕が編集チェックしなきゃいけないVTRがあったのね。それが、たまたま家帰ってパソコン開いたら、「すいませんでした！」って届いてたのよ。「**うわ、開けるんじゃなかった。気づかずに寝ておけばよかった！**」と思ったんだけど、このVTRをチェックしないとみんなが困るのはわかってる。でも、もう眠い。悩んだんだけど、でもまあ、しょうがねえかと思ってVTRチェックし始めたら、やっぱり眠いから時間がかかっちゃって、本当は1時間ぐらいで終わるやつが2時間ぐらい、7時ぐらいまでかかっちゃったのよ。結果、送り返して、逆効果で眠れなくなっちゃって。目が冴えて、8時とか9時まで眠れなくて。

で、寝て起きて、3時間で12時から会議だったのよ、ビデオ会議。3時間くらいで目が覚めたの。一番良くない循環ね。その日は基本、在宅でよかったの、リモートだから。ただ、ビデオ会議が4本あったのよ、12時から夜まで。まず、12時ぐらいから2時ぐらいまで『ゴッドタン』の会議やってたの。これは見知ったメンバーだし楽しくやって、大丈夫だったの。

で、2時から3時で別件の会議があってね。これは初対面みたいな、ビデオ取材みたいな感じだったんだけど。それが終わったあと、そういえばお腹空いたな、ごはん食べてなかったと思って、ちゃちゃっとパスタみたいなのつくって食べたのよ。これが失敗でさ。

3時半ぐらいからの会議で、最初ちょっとふざけながらしゃべってて。食べて元気になってたから。**でも、ちょっと経ったくらいから、もう猛烈な眠さ。**だけど、レコード会社の人とか、けっこう外部の人たちも多くて、「眠いわ〜」って言える空気の会議じゃなかった。気づいたらあくびが止まらない状態になって、「ヤベえな〜」と思ってたんだけど。で、「佐久間さん」って言われてハッと気づいたら、一瞬の寝落ちね。テレ東の人がほとんどいない会議で、一瞬の寝落ち。2分しか経ってなかったから、「これはまだ大丈夫だ」と思ったんだけど、ここからどうしようかなと思って。

いったんビデオオフにして、たまに寝落ちしても大丈夫なようにするか。いや、待てよ。俺、この会議が始まる前に、例によってバーチャル壁紙でふざけてたなと思って。宇多田ヒカルの「Automatic」の壁紙手に入れて、中腰でしゃべってみたり。**そんなやつがビデオオフにするわけにはいかないじゃん、ちょっと前まで画像で遊んでたやつが**。ダメだ～、ふざけてたからムリだなと思って。

でも、我慢してしゃべってたんだけど、どう考えても寝落ちしちゃうと。「これはあれだ」と思って。俺がADのころからたまに使ってる、携帯のアラームを鳴らして電話がかかってきたフリをする作戦ね。これ、みんなあるでしょ？ アラームを5分後ぐらいに設定して、プルルルルって鳴ったアラームで電話のフリするやつ。それで、ビデオ画面で見えないところで携帯を操作したわけ、2分後にアラームを。**「テレビの呼吸 拾ノ型 ウソアラーム」、やったのよ**(※1)。それをとって、「ああ、すいません」「ちょっと電話するんで。申し訳ないです」ってミュートして、画面オフにして、あわててトイレに行って顔をバシャバシャ洗って。で、リビングにあったフリスクをガブ食いして、会議に戻ったのよ。

ビデオをオンにして、「すいません、電話終わったんで」って言って。フリスクガブガブに食って口の中がすごいミントだから、「これでいける」ってしゃべってたんだけど、やっぱね、すぐに眠くなっちゃうのね。で、眠くなって下向いたときに目がチリチリして。「あれ、なんかチリチリして目が冴えてきたな……息だ！」と思って。**フリスクをガブ食いしたすごいミントの息が目に当たって目が冴えてくる、「これだ！」と思って。**あの、中居正広さんが前髪をフ〜フ〜するような感じ、会議をしながらあごを突き出して「フ〜」っていうのを連発して、目に直接ミントの息を当てたの。「全然眠くねえ！」「これでいける！」と思って。「フリスクの呼吸」で。フハハハハ〜。

それを何回もやってしゃべってたら、ビデオ画面の何人かが怪訝(けげん)そうな顔してるのよ。「え、どうしたの？」って聞いたら、「**佐久間さん、どうしたんですか？泣いてますよ**」って言われて。フハハハハ。あの、フリスクの呼吸をやりすぎて、知らないうちに目からボロボロの涙が流れてきて。呼吸が体に負荷を。フフフフフ。

あと、「なんすか、その顔？」って言われて、自分のビデオ画面見たのね。そしたら、**あごを突き出して、「アイ〜ン」の顔のまま泣いてんのよ、おじさんが。**「佐久間さん、ちょっと呼吸も荒いですよ」って言われて。すげーヤベーヤツみたいに思われたから、「うわ、これはダメだ」と思って。ずっとフ〜フ〜やってるのもマイクが拾ってたのよ。で、泣いてるし。これはもうムリだと思って、正直に「オールナイト明けで、眠くて、フリスクを当ててました」って言ったら、みんないい人たちだから、「どうなってんですか〜」って笑いで終わったんだけど。でも、逆に会議の話がムダに横にそれちゃったから、1時間で終わる会議を2時間ぐらいやっちゃったのよ。

それが終わったのが夕方で、最後の会議が一番大事だったの。要は、会社の偉い人との会議。「このあとの収録形態をどうするか」とか、そういう一番寝ちゃいけない上司たちとの会議が待ってて、残り10分ぐらいしかなかったの。前の会議を俺がフリスクの呼吸で延ばしちゃったから。でもね、めちゃくちゃ眠いのよ。

「寝ない方法なんかねえかな〜」と思ったんだけど、1コ思い出したの。昔、編集やってたころ、徹夜明けでめちゃくちゃ眠くて、リアル会議やってたときに、同じぐらい徹夜してたADと「眠いっすね〜」って言ってたら、そのADがオナラしたのね。それが、狭い会議室だからめちゃくちゃ臭くて、「くっせ〜な、なんだよ！」って言ってたら、目が冴えたのよ。「**これは、においだ！」と思ったの**。さっきのフリスクの呼吸みたいにバレないじゃん。においだったら大丈夫だと思って。ただもう、頭がもうろうとしてる中での結論ね、そのときは。

で、冷蔵庫行って、臭い食材がないか探し始めたのよ。いま思うとおかしいんだけど。最初に目についた納豆を開けたんだけど、もうね、納豆は弱い。「弱い！」と思って、そのあとアンチョビを見つけて、フタを開けてにおいをかいだの。**「これはダメだ、うますぎる！」**って。いいにおいだと思っちゃって。冷蔵庫調べても臭い食材なんてないのよ。

「あと5分だ……」って思ったら、**「靴だ」と思って。**靴だと思ったのよ、そのときの俺は。走っていったの、ゲタ箱に。で、スニーカーのにおいをかいだんだけど、臭くないの、全然。自分の靴を全部見て、スニーカーをかいだら、臭くない。ローファー、弱い。昔のスニーカー、ちょっと臭いけど弱い。と思ったら、昔買って、**大事にソールだけ貼り替えてたレッド・ウィングのブーツがあったのね。で、かいだのよ。めっちゃくちゃ臭いの。**フハハハハッ！「これだ～！」と思って。ちょっとおかしいんだけど、もうそういう状態だから。レッド・ウィングのブーツを小脇に抱えて自分の部屋に戻って、Zoomのボタン押して、会議スタートしたの。フハハハハ。

イスの下にレッド・ウィングのブーツ置いて。もう大丈夫。いざとなったらキメればいいんだから、ブーツを。そしたら覚醒するから。**「レッド・ウィングの呼吸」**よ。フハハハハ～。で、会議が始まったの。けっこうシリアスな会議で、ゴールデンウィーク明けの収録をある程度再開するけど、どの程度ディスタンスとるか、みたいなマジメな会議。

でも、しゃべり始めてすぐぐらいで、やっぱめちゃくちゃ眠くなってきたの。なんだったら歩きまわって、運動が終わってる感じになってるから、眠くてしょうがない。だけど、もう大丈夫。**下からバレないようにブーツをイスに置いて、ちょっと下に下げて「フンッ」って吸って。**そしたらめちゃくちゃ臭いから、フワって覚醒してそのましゃべる。フハハハハ。

で、しゃべってたら、常にほしくなってくるのよ。眠くなっちゃうから。カメラにギリギリ映るか映らないかのところまでブーツを上げて。**依存性が高いんだよ、レッド・ウィングが。**フッハッハハハ！　ちょっと下げては吸う、ちょっと下げては吸うを繰り返したの、レッド・ウィングの呼吸をね。

それで、なんとか会議を保ってたんだけど、途中で気づいたの。**俺、1コもいいアイデア出してないのよ。**フハハハハ。なぜなら、ちょっと思いついても、臭いにおいで全部飛んでんのよ。呼吸にパワー入れちゃってるから、全然いいアイデア出してないな、これダメだ、どうしようと思ったけど、めちゃくちゃまわりが臭くなってるから、この呼吸から逃げられないし。

でもこの会議をなんとか……って思ったら、もうひとり別の後輩ディレクターが、「すいません、今日ちょっと編集明けで、寝てないので準備してきてなくて。別の機会とかでもいいですか?」って言って。そしたら上司が、「ああ、全然いいよ、リスケしようよ。みんなスケジュール先に言ってよ。そんなスケジュールきついときにやる会議じゃないからさ、また別日にやろうよ」って。**正直に言えばよかったな……**。フハハハハ〜! 俺のレッド・ウィングの呼吸の意味のなさ。ただ臭いにおいをかいだだけっていう。

(※1) 漫画『鬼滅の刃』では、主人公たちが「全集中の呼吸」という呼吸法で身体能力を高め、敵対する鬼を討伐するための技を繰り出す。

この日のプレイリスト
くるり「ロックンロール」

この日のおすすめエンタメ
映画『ハーフ・オブ・イット:面白いのはこれから』

ちっちゃい事件

2020年6月3日放送

つい昨日の話なんだけど、ほぼ1日ビデオ会議の日だったのね。4～5本ずっとやってて。そのビデオ会議のときの格好の話なんですけど、上はシャツ。まあいちおう、会社に出社してもおかしくないくらいのちゃんとしたシャツ。襟付きのね。で、下は映んないから、カーキの短パン。めちゃくちゃラクなやつ。暑いし。会社には行けないタイプのやつ。しかも、ベルトとかじゃなくてひもで縛るタイプのやつね、すげーラフな、海とかに行くやつ。かつ、午前中からの会議が、『ゴッドタン』の仲いいスタッフとか、『青春高校』の三宅（優樹ディレクター）とか、ゆるい感じでやれるメンバーだったから、ひもすら結ばないみたいな。

そのあと、上司とスポンサー的な人との初めての会議みたいなのがあって。前の会議が押しちゃったから、パソコンの前から動けないで、そのまんま資料整理して会議に臨んだの。

で、普通に会議してたら、「ピンポーン♪」ってチャイムが鳴ったのね。でも、上司の方々とか、スポンサーの人と打ち合わせしてるから、これは申し訳ないけど不在にさせてもらおうと思ってしゃべってたら、また「ピンポン、ピンポーン♪」って鳴ったの。そのとき思い出したのよ、そういえば午前中に奥さんから、酒屋さんに麦茶を注文しましたと。冷蔵便っていうサービスがあって、冷えたやつがそのまま送られてくるやつを注文したからね、って言われてたから、これ受け取らないわけにはいかないじゃん。酒屋さんに悪いし。しかも、ダンボール2箱だから。

家に俺しかいないから、これは正直に言おうと思って。「すいません、ちょっと配達が来ちゃったみたいで、一瞬だけ外します」って言って。「ああ、どうぞどうぞ」「申し訳ないです」って立ち上がったんだけど、これホントね、事実だから言うんだけど、立ち上がった瞬間に、ズボンが落ちたの。フハハハハハッ！　いやいや、っていうか、これマジで、ホントに、こんな昭和の時代の出来事が起きるのかっていうことが起きたのよ。

カーキの短パンで、ひもしてなかったから、**立ち上がった瞬間にズボンが落ちたのよ。**iMacでやってるから、カメラの画角が高いわけ、あおりじゃないのよ。だから、全身ちゃんと映るやつで、ズボンがストンと落ちて。しかも、そのときにはいてたパンツが、半年くらい前に、**藤田ニコルの母ちゃんにもらった真っ赤なスケスケのパンツだったの**（※1）。フハハハハ。なんか、2〜3日天気が悪いときがあったじゃん。洗濯してなくて、「これでいいや」と思って。で、やることといったらひとつ。もうしょうがないじゃん。そのままカメラに顔を近づけて、グイッとやって自分の顔でカメラを覆ってね、なにごともなかった感じで「すいません、じゃあ配達来てるんで」って言って、**そのまま画面オフにして、ミュートにして、ブルートゥースのイヤホン投げ捨てて（笑）、玄関まで行ったわけよ。**

案の定、酒屋さんが来てて、冷たい麦茶ダンボール2箱とビールを受け取って、すぐ会議に戻んなきゃいけないんだけど、キンキンに冷えた麦茶だから、そのままにしてたら絶対に奥さんに怒られるじゃん、意味ないから。だから、何本か冷蔵庫に入れて、1回落ち着こうと思って、そのキンキンに冷えた麦茶をグイッと飲んだの。「**はぁ〜、会議戻りたくねーなぁ**」「**いま、俺の悪口言ってねーかな？　大丈夫かな？　戻りたくねーなぁ。このまま海行きたいなぁ**」と思ったんだけど、そういうわけにもいかないから、座ろうと。でもその前に、2度とこういうことがあっちゃいけないから、短パンのひもを固くギュッと締めてね。座ろうとしたときに落ちたらわけわかんないから。

意を決してまずイヤホンして、俺の悪口言ってない、よし、ってビデオオン、ミュート解除ってやって、そのまま何ごともなかったかのようにね、会議を始めたの。そしたら、先方も大人ですよ、俺のパンツを見た話なんか誰もね、触れない。大人同士の感じで普通にしゃべってる途中ぐらいで、**「ギュルギュルギュル〜」ってお腹が痛くなったの。**「ウソだろ!?」と思ったんだけど、これはやり過ごそうと、そのまま普通に「でも、これアレですね〜。企画実現するためにいくつかのハードルがありますギュルギュルギュル〜」って来たのよ。

「ウソだろ〜？　これ絶対うんこしたいじゃん」と思って。フハハハハ。もう絶対のやつよ、たまにあるでしょ？　ちょっとのやつじゃなくて、絶対うんこしたいやつがきちゃって。「なんだよ〜、俺、なんか悪いことしたかよぉ……」と思ったんだけど、**つい10分前にキンキンに冷えた麦茶、一気飲みしてんのよ。**アッハッハッハ。もう下に突き抜ける欲求が、排泄の欲求がガンガンにきてて、「トイレに行こうかな？」って一瞬思ったんだけど、いや待てよと。1回、この人たちの前で中座して、パンツ見せてんのよ。もう1回出るって言ったら、もう変態じゃん。イヤだなと思ったの、「あいつ、パンツ見せたうえにまたいなくなったぞ」ってなったら。しかも、1回出たらトイレは大だから長くなる。

俺は、そのときは冷静な判断ができないから、決めたの、上半身の俺がね、「**GO!**」。フハハハハ。もう「GO！」って決めたのよ。この会議が終わるまで、佐久間はチャレンジしますって。そしたら下半身が言ってんの、「え、家なのに？　え、そこっすよトイレ。佐久間さん、あの、家ですからここ。そこっすよ？」って言ってんだけど、上半身は「GO！」って言ってんのよ、「会議続けます」って。

それである程度しゃべってたら、下半身も言うこと聞かない、基本的に俺の方針に納得してないんだろうね。何回も「ギュルギュルギュル〜」「ギュルギュルギュル〜」って言ってくんのよ。**「納得できません！　ドンドンドン！」って言ってんの**。俺は無視してんだけど、「納得できません！」があまりにも続くから、これはもうムリだなと思って、「でも、これアレですね。いったん持ち帰ったほうがいいアイデア出るかもしれないですねぇ」っていう方向に持っていったの。悟られたくないっていうのがあるから、きれいに持っていかなきゃいけないなと思ったの。行きづまってて、いいアイデア1コも出てないのよ。だから、仕切り直しを提案する。でも、「え、でも今日決めたほうがよくない？」って上司の人が言ってくんの。なんで粘ってんだと思いながら、「俺、なんかもうちょっと考えたら、すげーいいアイデア出ると思うんですよ。あと、ちょっと入れたい新しい作家もいるんで、今度連れてきたいんで、仕切り直してもいいですか？」って言って。**俺、この下痢のために、新しい作家のギャラも払うこと**

を決定し、フハハハハ、そして、自分のハードルもグイグイ上げるんだよ。

次の会議でめちゃくちゃいいアイデアを持ってこなきゃいけない。

それでまあとにかく、じゃあいいよと、次の会議の時間決めようかと。で、なかなか決まらなくて、俺、もう下半身が「ガンガンガン！　ガンガンガン！　佐久間さん、どうなってるんですか!?」ってなってるんだけど、それで1回締めて。「じゃあ、来週のこの時間に」って言って、普通はこんなのマナーでもないけど、上司より先にミーティングの退出しないじゃん。まあ多少ね。でも真っ先に切って。カチカチカチカチッって。


で、消した瞬間に立ち上がりながらトイレに向かったんだけど、ダッシュしたらなんか出ちゃう気がしたのよ。本当のときのやつはダッシュしたらダメじゃん。だから、1歩ずつ踏みしめながら、ちゃんとトイレに向かいながらね、ズボンを下げ始めたの。俺の計画で言うと、扉の前でズボン下げ終わって、開けてもう座ってるって状態。家に誰もいないから。でも、扉の前あたりで、ズボンが下がんないの。

「あれ!?」と思って、「あ、ひもだ、ひもだ」と思って、ひもをギュって引っ張ったの。蝶結びがほどけるはずなのよ。そしたら、さらにギュギュって音がして。**ガッチガチに固まっ**

てるひもが見えたのね。「なんだこれ？」と思ったんだけど、よく考えたら１回落として、２度とこんなことがないようにってひもを締めたときに、たぶん固結びにしちゃってんのよ。「ウソだろ⁉」と思って。

ひものままいけないかと思ったけど、引っかかる。もう固結びをほどくしかないのよ、トイレの中で。でも、暑いから汗かいて、ひもが水分を吸収して、手もビショビショだから、全然ほどけないの。そしたら下腹部が**「大将、何やってんすか⁉　もうトイレっすよ！」**っつってんの。『ソウ』よ、映画の『ソウ』ね（※２）。もうチェーンがとれないみたいな。下腹部は悲鳴あげてんの。「クソッ！　全然とれない！」って言いながら、下腹部の気持ちがわかったのよ。「え、マジすか？　トイレで漏らすんですか？」っていう。

で、何回もやってるうちにお腹も痛くなってきて、ついに声に出し始めちゃって。「**なんでこんなことになったんだっ‼**」って。「クソッ！　もうダメだ！」っていったんあきらめたんだけど、全然とれないから。「トイレで漏らすのか？」と思ったんだけど、もう切ろうと思って、ひもを。もう切るしかないって。

で、すぐ隣が娘の部屋だからのぞいたんだけど、カッターがどこにあるかわかんなくて。探す時間を考えたらキッチンに行ってキッチンばさみを取ったほうがいいか、いや、キッチンまで行って戻ってきて、動く間に出ちゃう可能性がある。この間、0.1秒ね。ハッ！　すぐ洗面所に、嫁が眉毛を切るために使ってるちっちゃいはさみがあった。これは手を伸ばせばいける。「でも佐久間、これでいけるか？」と思ったけど、手を伸ばして眉毛切りを取って。

で、ビショビショになってるひもを切り始めたのよ。もう導火線よ。「切れろ！」と思ったんだけど、全然切れない。眉毛切りのやつってさ、一気に切れないのよ、引っ張りながらちょっとずつしか切れないの。チョッチョッってやりながら、1本ずつ切っていくのよ、ひもを。でも、下腹部は「大将、何やってんすか？」「それ、効率悪くないすか？」「やっぱキッチンだったんじゃないすか？」って言ってて、でも俺はこれでいくって、ちょっとずつひもをチョッチョッってやって、**「もう限界です！　限界です！」ぐらいで、プチンって切れたの。**そのままズボンを下ろして、座るか座らないかぐらいのときに、ほぼ水のものがドーンって出て。「う〜わ〜」と思って。「生きてるぅ〜！」と思って。足1本失ったけど。フハハハハッ。『ソウ』で言うと足1本失ったけど、**「生きてるぅ〜！　漏らさなかった〜！」**と思って。一大プロジェクトが終わった感じよ。

で、そこでちょっと放心状態になったんだけど、「いやいやいや、いかんいかん。このあとも会議あるから」と思って、家のトイレをガチャッと開けたのね。ひもは切れてるからパンツ一丁で。ガチャッと開けたら、**同じマンションに住んでる嫁のお母さん、おばあちゃんがね、玄関に立ってたの。**「あれ？　宣行さん？」って言ったんだけど、俺、パンツ一丁なのよ、真っ赤なね。だから、おばあちゃんの顔見て、俺が「いや、あのね、いろいろあったんすよ」って言ったら、おばあちゃんがいい人だから、「**聞くわよ**」って言ってた。フハハハハ〜。「大丈夫っす」って言ったけどね。

（※1）「出待ち」（P178）参照。
（※2）2004年公開のサイコスリラー映画。登場人物が足を鎖で繋がれ、密室に閉じ込められた状況から物語が始まる。

この日のプレイリスト
秦基博「Rain」

この日のおすすめエンタメ
ドラマ『アップロード～デジタルなあの世へようこそ～』

辞表

2021年3月3日放送

（退社について）テレビ東京と話し合って、退社することも上司から会社の偉い人みんなに伝わって了承を得たから、あとは形式的な問題です、となって（※1）。制作局長に「そうなると佐久間さ、話もまとまったから辞表出してくれよ」って言われて。「あ、そっかそっか。俺、辞表出すんだ」と。「辞表、出したことないだろ？　一生で一度じゃん、たぶん。だからちゃんと書いてきてよ」って。

その時点では、会社では上司と制作局の局長くらいしか知らない状態ね。「〇日の〇時に（会社に）いるから。そこに持ってきて」って。「いやでも、俺、その日『あちこちオードリー』（※2）の収録なんで、デスクに置いときますよ」って言ったら、「バカか」つって。「誰にも言ってない状態でおまえの退職届が俺のデスクにあって、若手が見たらどうすんだ」「あ、そうっすね！

すいません」って。「『あちこちオードリー』の収録が16時からだろ？　じゃあ、15時に待ち合わせて、そこに持ってこい。そしたら、人事部に提出に行くから」と。「わかりました、書いてきます」「書き方わかんのか？」「わかんないから、ちょっとググってみます」つって。**家帰ってね、パソコンで「退職願　失礼じゃない」で検索して。**フハハハハ！

調べたら、白い紙に書くんだと。書く文章は、「退職願」って書いて、そこに「私儀」「一身上の都合により〜」って書いて、自分の部署をちゃんと書いて、名前を書いて、誰に宛てるか、この場合は社長になるんだけど、書くと。で、印鑑を押す。なるほどなるほど、わかった、これで書けばいいのねって。家に白い紙があったから、最初万年筆で書き始めたんだけど、万年筆だと滑っちゃうからボールペンで書いて、字を間違えたり、何回か失敗したりしながら書き上げたわけよ。

で、「書いたよ」って奥さんに見せたら、「ちょっと待ってよ、これコピー用紙じゃん」つって。「え、コピー用紙じゃダメなの？　『白い紙』ってあったよ」つったら、「**コピー用紙に辞表書いて出すヤツなんかいないから！**」って。「え、きれいな白だよ？」って言ったんだけど。フハハハハ〜。「違うのよ、コピー用紙ってツルツルじゃん。こういう場合、白い便箋なの」って。うちの奥さん、人事畑だからわかるの。「ちゃんとしたね、いい紙で出すんだよ」「え〜、そうなの？　家になくない？」「いや、あるある。私が手紙とか書いたものが5枚だけ残ってるから。5枚しかないからね、間違えないでよ」って言われて、「わかった」って書いて。「佐久間宣行」って一生懸命また書いたの、白い便箋にね。書いて、印鑑を押すってなったら、パソコンデスクで作業してたんだけど、しっかり押そうとした瞬間にマウスにぶつかって、印鑑がググググってずれて。「**佐久間」って名前が『マトリックス』みたいになっちゃって**（※3）。フハハ！　分身してる状態みたいになっちゃって。「うわ〜……」ってなるんだけど、そういうときってホント、テンション下がるよね。1回も間違えられなくて、最後の印鑑で……って。

だから次ね、先に印鑑押したの。印鑑押した紙を2枚用意しといて、それで間違えなきゃいいと思って。で、「退職願　私儀」って書いて、最後に「佐久間宣行」って書くじゃん。「佐久間宣行」の「宣」のところで緊張して、俺、普段自分の名前なんか間違えたことないのに、「**宣行」の「宣」を横棒3本ぐらい書いちゃって。**2本だったらわかるの。1本多いじゃん。俺、3本書いちゃって。フハハ。「うわ〜！」ってなって。

でも、「これもしかしたら、わかんねーんじゃねーか？　俺の名前まで見ねーだろ」と思って、奥さんのとこ持ってってたの。「これでいいですか？」って言ったら、一発で「**名前違うじゃん**」って。フッハハハハ〜。「ダメダメ。バカか？」って言われて、奥さんチェック何回かあって、やっと書いたのよ。

やっと書き終えて、そのあとググったら、なんか折り方もあんのね。三つ折りにして、白い封筒に入れると。だから、白い封筒に「退職願」って書いて、後ろに自分の名前書いて、三つ折りにして入れて。「よし、これで完璧」と。

そしたら、奥さんがノックして、「書けた？」って心配になって俺の部屋に入ってきたの。「書けたよ、書きました。白い封筒に入れました」っつったら、「ちょっと、待ってよ〜」って言うから、「え、何何？　またかよ〜？」と思って、「なんなんだよぉ〜、書いてんじゃん！」って、中身見せて「ちゃんと書けてんじゃん」っつったら、「封筒」って。「**それ、テレ東の封筒じゃん」っつって。フフフ。「どこの世界に、自分の辞める会社のロゴがでかでかと入ったとこに『退職願』って書いて持ってくヤツいる？　請求書じゃないんだから**」って言われて。「え、ダメなの？　白い封筒これしかなかった、家に」っつったら、「だからって、辞める会社のロゴ入ってる封筒に『退職願』って書いて出すなんて。それ一生のものなんだからね！」って言われてさ。「わかりました。じゃあ、どうすればいいんですか？」って。「めんどくさいですよ〜」という顔でね。フハハ。

って言ったら、奥さんが「辞めるって言ったの、あんたじゃん？」って。フッハハハハ。「はい、どうすればいいですか？」って聞いたら、「それはもちろん、ちょっと早めに出て、待ち合わせの前に文房具屋で白い封筒ね、二重のやつあるじゃん、中見えないやつ。それに入れて持っていって、渡せばいいんだよ」って。

で、当日、制作局長と待ち合わせの時間の1時間前ぐらいに六本木の文房具屋寄ってさ、封筒買って、ちゃんと名前も書いて中にしまって。

テレ東に着いて、制作局長に渡すんだけど、よく考えたら誰にも言ってないから、「バレたらダメだな、怒られちゃうな」と思って、制作局長に「着きました」ってメール送って。「じゃあ、俺もデスクに行く」と。で、デスクにいる制作局長にキョロキョロしながらゆっくり近づいてって。**ヤバいブツを渡さなきゃいけないわけだから、こっちは。**たまたま、まわりに人が少ない時間で、テーブルとかに誰もいなかったから、制作局長にパッと渡して。制作局長も「(小声で)わかった、わかった。人事持ってくわ」っつって。**もう社内恋愛ですよ。**フハハハハ〜！

遠くから「おお、読んでる読んでる」と思って見てたら、俺の携帯が鳴ったのよ。制作局長からで、「え、何？　直接言ってくれてもいいじゃん」って思いながらとったら、「佐久間さ、おまえのいる部署って『制作局クリエイティブビジネス制作チーム』っていうんだけど、**部署名間違えてるよ**」って言われて。「え？」ってなって。「制作局クリエイティブビジネス部」って書いてると。「ああ、そのくらいの違いですか」「いや、でもダメだろ、これ。**だっておまえ、この世にない部署から辞めようとしてるから**」って言われて。フハハハハ〜。「ええ〜？」と思って、制作局長のところまでツカツカ行って、「え、ダメですか？」って言ったら、「いやダメだよ、これ。こんな部署、うちの会社にないんだから。ない部署のやつを出したらダメだろ」って。心の中で「そっか〜」と思いながらも、もうホント何回もミスってきたから、我慢できなくて言っちゃったの、「**めんどくさいんすよ**」って。ハハッ。「家帰って、もう1回書き直して持ってこなきゃいけないじゃないですか」つったら、「え、でもこれ、一生に一度の退職届だよ？」って言われて、制作局長に。「いや、なんとかなりませんか？」って言ったら、その制作局長、めちゃくちゃいい人なの、やさしいのよ。俺がね、ホント「ブ〜」って顔で「ダメすかぁ？」みたいなこと言ったら、制作局長が俺の顔見ながら、「え、（正式な書類として）残るんだよ？」って言って。「わかりますけど〜」つって。「めんどくさいの？」「めんどくさいです」「**じゃあ、ワンチャン、人事持ってってみるかぁ**」っって。フハハハハ〜！

で、制作局長が「じゃあ、持ってってみるよ、ワンチャン、人事に。気づかないかもしれないから」って辞表を持って行って。で、すぐ、電話かかってきてね。すぐかかってきたから、「通った！」なのか「通んない！」なのかわかんないなと思いながら電話とったら、「**めちゃくちゃ怒られたよ！**」っって。フッハハハハ〜。「突き返されたよ！」って言われて。

制作局長が、とんでもねえ顔、大人が怒られたときの顔で戻ってきて。「これは謝りに行かないとダメだな」って、制作局長のところまで行って、「すいません」っって。でも、お互いにバレちゃいけないから、ちょっと隠しながらダメな辞表を受け取って。「次、〇日に僕、収録で会社来るんで」「じゃあ、そのとき待ってるから。持ってきて、ちゃんとしたやつ。『制作局クリエイティブビジネス制作チーム』ね」「わかりました。間違えません」ってそのまま戻って。

で、『あちこちオードリー』の収録に向かったんだけど、俺の中でおもしろくなってきちゃって。「**俺、一生に一度の退職願、突き返されてんだ**」と思って。そのときに『あちこちオードリー』の演出をいっしょにやってる斉藤（崇）さんっていうディレクターがいて。

その人には「辞める交渉中です」って話してたから、「いや斉藤さん、聞いてよ。俺、退職願さ、さっき出しに行ったのよ」つったら、「え、そうなの？」って。「それがさ、俺、部署名間違えて、突き返されたんだよ〜」「何やってんだよ〜」ゲラゲラゲラ〜って、斉藤さんと廊下で話してたら、後ろで「えっ!?」って聞こえて。

パッて見たら、俺の番組をやってるＡＤが「佐久間さん、会社辞めるんですか？」って。俺、振り返って、「うーわ、廊下でしゃべってＡＤにバレた〜」と思って、「おまえ、絶対に話すなよ！」つって。**だからたぶん、そいつが『週刊大衆』に売ったと思うんだよね。**フハハハハ〜！　あとね、俺、けっこういろんな人に言ってんな。フハハ〜。

（※1）佐久間は２０２１年3月31日でテレビ東京を退社。これまでの担当番組は引き継ぎつつ、フリーランスのテレビプロデューサーとなる。当時はまだ退社が正式承認される前で公になっていなかったが、『週刊大衆』にすっぱ抜かれたため、急きょこの日の放送で退社について語った。

（※2）『あちこちオードリー〜春日の店あいてますよ？〜』。オードリーがゲストを招き、アンケートや打ち合わせなしのフリートークを繰り広げる。

（※3）映画『マトリックス』シリーズでは、主人公を狙うエージェント・スミスが自己増殖能力を手に入れ、束になって主人公に襲いかかる。

この日のプレイリスト
エレファントカシマシ「俺たちの明日」

この日のおすすめエンタメ
映画『すばらしき世界』

ゲストトーク

特別収録

若林正恭

（オードリー）

2019年8月28日放送

『終電ごはん』、『SICKS～みんながみんな、何かの病気～』、『文筆系トークバラエティ ご本、出しときますね？』など、佐久間が手がける番組に多く出演し、プライベートでも親交のある若林正恭（オードリー）がゲスト出演した回の一部を特別収録。仕事の顔と素顔、両面からお互いについて語り合い、最後は佐久間がプロデューサーを務める『あちこちオードリー』のレギュラー昇格がサプライズ発表されるなど、大いに沸いた放送だった。

若林正恭（わかばやし・まさやす）
1978年9月20日、東京都生まれ。2000年に春日俊彰とお笑いコンビを結成し、2005年に「オードリー」と改名。2008年、『M-1グランプリ』での準優勝をきっかけに一躍ブレイク。2009年にはニッポン放送『オードリーのオールナイトニッポン』がスタート。エッセイなどの執筆活動も行っており、『表参道のセレブ犬とカバーニャ要塞の野良犬』（KADOKAWA）で第3回斎藤茂太賞を受賞した。

佐久間のトークは「10年続くやつ」

佐久間 本日のゲストはオードリーの若林正恭さんです。

若林 お願いします。いやぁ、流れるようなオープニングでしたねぇ。

佐久間 何言ってんだよ（笑）。

若林 あとね、我々のラジオと違うのが、「何かが始まる雰囲気」がしますね。これから大きな流れが。長くやりゃいいってもんじゃないですね。新しい何かが始まる熱気みたいなものがありますよ。

佐久間 まあ、まだ4か月だから。

若林 みんな言うじゃないですか、「佐久間さんのトーク、オープニングすごい」って。

佐久間 言わねえから。

若林 いや、言うんですよ。思い出したのが、佐久間さんや小説家のメンバーで飲んでても、佐久間さんが一番トークおもしろいですもんね。完成されてる、完パケみたいなトークを居酒屋でしてましたもんね。

佐久間 やめろ（笑）。

若林　いやぁ、佐久間さん、トークしてたなと思って、完パケの。なんか悔しいのが、トークできるってみなさん言うけど、1年ぐらい新鮮さでチヤホヤされて終わるオールナイトってあるじゃないですか。そのレベルじゃないんですよね、佐久間さんのしゃべりが。

佐久間　おいおいおいおい。

若林　5～6年ぐらい続く感じの。でも5～6年やるわけにもいかないですもんね？

佐久間　いや、わかんないけど。

若林　やるのかな。でも、ボロボロでしょ、体。5～6年もやったら。

佐久間　5年やったら俺、48だからね。

若林　でも、48かぁ。ならありえますね。それが悔しいんですよね。「おもしろいよ」って話題になって聴いてみたら、「あ、1年で終わるやつだ」ってあるんですけど。

佐久間　たまに？　たまにでしょ？

若林　いや、まあ。佐久間さんのは「これ10年のやつだな、腹立つな」って。でも、ディレクターさんとか、総合演出の人って編集するじゃないですか。だから、芸人のトークを頭とか真ん中とか、春日（オードリー・春日俊彰）みたいにフリが長いやつのトークとか切るじゃないですか。そこを勉強するんでしょうね。しゃべりうまい人、多いですもんね。

佐久間　総合演出でちゃんと編集してる人は、しゃべりうまい人多いよね。

若林　そうですよね。ちょっとした「えっと〜」とかも切るじゃないですか。そういうのも関係あんのかなと思って。

若林は「生き様芸人」なのか

佐久間　若林はこないだオールナイトで「生き様芸人（※1）ではない」って言ったけど、でも、結果的に間に挟まれて、上の世代がまだ攻撃的なころにいっしょにやってなきゃいけなかったから、戦う場所を右往左往した世代ではあるよね。

若林　そうなんですよね。思春期にとんねるずさんを見た（世代）か、松本さん（ダウンタウン・松本人志）の『遺書』とか、太田さん（爆笑問題・太田光）とか岡村さん（ナインティナイン・岡村隆史）のラジオに触れて、クラスで端のほうにいて普段暗い（世代）か、みたいな。俺たちは学園祭でステージに立つようなヤツをナナメに見てて。でも、設楽（したら）さん（バナナマン・設楽統（おさむ））とかおぎやはぎさんって、学校のヒエラルキーの一番上の人だと思うんですよ。

佐久間　サッカー部だしね、小木さん（おぎやはぎ・小木博明）とか。

若林　だから、そういう部活の先輩の感じのノリとかが、すごい合うんだと思うんですよね。

普通にケンカ強いじゃないですか、全員。

佐久間　絶対ね。

若林　俺たち、「そうじゃないんですよね」っていう人が多い。綾部くん（ピース・綾部祐二）くらいですよ、そのノリがあるのは。

佐久間　とんねるずさんのノリもそのままいける人？

若林　そうなんですよ。だから、佐久間さんとオークラさんが「生き様芸人多いよな」ってしゃべってて、俺は家で「何言ってんだよ」って思ってたんですよ。「こいつ、生き様持ってるらしいですよ！」って首根っこをつかんで、バナナマンさんとか、（劇団）ひとりさんとか、おぎやはぎさんの前に『ゴッドタン』で突き出して、「やっちゃいましょうよ！」みたいな。それで、俺らマウントとられて、ボコボコにされて、天王洲から「これでよかったのかな？」って思いながら帰るっていう。

佐久間　しねーわ。

若林　それが俺たちの世代ですもん。「こいつなんかね、ひねくれてるらしいっすよ」とか、「『照れカワ』らしいっすよ」とかって言って。

佐久間　たしかに「照れカワ」はそういう企画だったね。照れるとカワイイっていう若林を、矢作さん（おぎやはぎ・矢作兼）もそうだったんだけど、そのころにキャラクターとしてイジったんだよね。

若林　僕らはそれですごく助かって、いろんなお仕事につながってますけど、そういうのあるのかなって思いましたね、聴いてて。

佐久間　そうだよね。だって、用意周到なんだから。旅行の本の形をとって、中にホントの気持ちを忍び込ませるんだから、この男は。

若林　そんなの、まんまラジオで言っちゃダメなんですよ。

佐久間　先輩は旅行のエッセイだと思ってるから読まない。で、旅行のエッセイだと思って読み始めると、中に本音が忍ばせてあるんだから。

若林　そうするしかないですよ。佐久間さんとかオークラさんとか、加地さん（テレビ朝日・加地倫三）が「こいつなんか、本音言ってるらしいっすよ」って連れてくんだから。

佐久間　連れてかないよ。

若林　首根っこつかんで、先輩たちの前に連れだすんだから。

佐久間　いや、周到な本だよ。

若林　「周到な本」って言うな。

佐久間　でも、めちゃくちゃおもしろくてさ。
若林　でも、先輩たちはもうひと世代挟むと「お兄さん」っていう感じの（振る舞いになって）、まあそうですよねぇ、売れてるしねぇ。
佐久間　たぶんそうなるんじゃないかな。
若林　（下の世代を）普通にボコボコにしちゃったら、映り悪すぎますもんね。
佐久間　そうそう。あと、（下の世代が）前に出てこれなくなっちゃうし。自分たちも困るでしょ。
若林　俺とか山ちゃん（南海キャンディーズ・山里亮太）とか、又吉くん（ピース・又吉直樹）、村本くん（ウーマンラッシュアワー・村本大輔）もそうですけど、ナナメに見るヤツのほうがおもしろいっていう空気がクラスにあったんですよね。文化祭でステージに立っちゃうヤツを、ベランダから「あいつ、やってんな」って眺めるみたいな。そういうところがけっこうあるんじゃないかなっていうのが、世代でくっちゃうとそうなのかなぁ。
佐久間　それはあるかもしれない。
若林　タイプが違う人も、吉村くん（平成ノブシコブシ・吉村崇）とかは違いますけど。
佐久間　ノブコブ吉村とキングコングは違うもんね。
若林　そうですね。で、そういう人ってオタクだから、漫才をオタク的にやったんだと思うんですよ、石田くん（NON STYLE・石田明）とかね。漫才師多いですもんね。

佐久間　漫才師多いね。

若林　「考えた軌跡が見える漫才」が多いじゃないですか。

佐久間　格闘の跡が見える漫才だよね、みんな。自分のスタイルを確立するまでの。

若林　同い年が椎名林檎さんとか、浜崎あゆみさんとかなんですよ。だから、なんだろう、生き様言いたいんでしょうね。

佐久間　認めてんじゃねーよ（笑）。

「脇が強い」佐久間の若き絶望

佐久間　若林くんとはそんなに頻繁にＬＩＮＥをしてるわけじゃないけど、ゲストに来るから見返してみたときに、２０１５年か２０１６年ぐらいのときに、若林くんから「佐久間さん、俺のよさってなんですか？」って。

若林　そんなのやめてよ〜。

佐久間　そのときに俺は「若林くんは自分で筋をつくって、オトせるんだよね」って返してた。

若林　ぬるいやりとりだな。

佐久間　「ありがとうございます。勇気出ました」って。たぶんね、お互いベロンベロンだったの。

若林　そっか。いや〜、でも佐久間さんてね、飲んでて全然悪口言わないじゃないですか。「あいつ、ああいうところがすごい」とかいいところばっかり言うじゃないですか。それで、イライラしてるのも見たことないし。結婚しててね、その感じですごい仕事して、卑屈なところとかもあまり見えなくて。で、女性小説家たちのグループLINEあるじゃないですか。朝井リョウとかもいる、いつも飲むメンバーで。そこで佐久間さんを絶賛みたいな流れが始まるときがあるのよ。佐久間さんの大学時代の写真を誰かがポンって載せて、「めちゃくちゃイケメン、佐久間さん」みたいな。俺、なんかそれがすごいイヤで。

佐久間　なんでだよ（笑）。

若林　いやだって、テレ東の局員だからうん千万もらっててだよ、美人な奥さんで、美人の娘さんいてだよ。

佐久間　会ったことねーだろ。

若林　ちょっとイジるくらいのメールに受け身とるんだけど、あんな「強い脇」見せられても。全然なんかね、もっとストンピングしなきゃダメだと思うんですよ、リスナーは。腹見せてんだけど、全然鍛え上げられてるから。

佐久間　おじさんになってね。

若林　だから、なんにもないんだよなぁ。若いときは忸怩たる思いがあったりした時期が何年かあるのかな、とか予想してるんですけどね。

佐久間　テレ東入ったときは絶望だったよ。だって、やりたかった番組を全部制作会社がつくってたんだもん。そんなの知らなかったから。

若林　言っていいんですか、そんなこと。

佐久間　これは就職本とかでも言ってるから。『浅ヤン』（※2）とか、そういう番組がやりたかったのよ。やれると思って不勉強で入ったら、『浅ヤン』はテリー伊藤さんの会社がつくってたし。「あ、テレ東ってバラエティ番組ねーんだ」って思って。お笑い番組もなかったから。

若林　なるほど。だから、バラエティやりたいならフジを目指すっていいますもんね。

佐久間　その絶望から始まってるのよ。ネタ番組もさ、2年目のとき初めてディレクターやらせてもらったときに、俺たち、やり方知らなくてリハでネタ全部見ちゃったんだもん。普通は頭とお尻だけじゃん。それ知らなくて。芸人さんからも言えなくて。2時間まるまる見ちゃったから、本番で誰も笑わねーの。

若林　それ、一番怖いやつ。

佐久間　一番やっちゃダメなやつ。

若林　あ、そういうところから始まったんですか。

佐久間　誰も知らない。カメラマンとかもみんなネタ見ちゃってるから。

若林　そうなんですね。

佐久間との番組に救われた若林

若林　佐久間さんとやった番組って、本かDVDに全部なってるんです。「あのときあれやってなかったら、おかしくなってたな」っていう時期に、1クールか2クールごとに、俺が飛んじゃわないやつが来るんですよ。

佐久間　ホントね、毎回その、『終電ごはん』っていうドラマをやりました、『SICKS』っていうコントドラマをやりました、『ご本、出しときますね？』っていうトーク番組やりました、その終わったあとぐらいに、「そんなに？」っていうぐらいに感謝のLINEが来るんだよね。

若林　「あれやってなかったら、落語家になってました」みたいなLINEね（笑）。

佐久間　特に、『SICKS』のときとかはね。

若林　ちょうど『ミレニアムズ』（※3）終わったあとぐらいで。

佐久間　そうそう、そうなんだよね。いろんな問題はあるにせよ、やっとやれると思ったバラエティ番組があっさり終わって、「もしかしたらテレビでお笑いってやりにくいのかな」って思ってるかもしれないタイミングで、たまたま俺が『ＳＩＣＫＳ』っていう企画を持っていって。で、おもしろいって若林が思ってくれて。

若林　そうそう、その時期でしたね。５年前ぐらいっすね。だから、俺らぐらいの世代にとってフジテレビの座組みバラエティって憧れがあるから、その反動は正直ありましたもんね。

佐久間　「お笑い番組をつくるっていうのは、けっこう大変なんだな」って思ってた時期？

若林　そうっすね。『ミレニアムズ』の生放送の特番があったんですよ。それで、マツコさん（マツコ・デラックス）と坂上（忍）さんが来るっていうのを聞いたときに、「俺は夢を見るのをやめよう」って思いました。「テレビでこういうことがやりたい」って思わないで、来た仕事を全力でやるっていうタイプになろうと決めた瞬間です。

佐久間　「生放送の特番は自分たちだけじゃまわせないな」って思われたってこと？

若林　そういうことなんだろうなって。それでまた、マツコさんと坂上さんがもう大暴れで。

佐久間　めちゃくちゃおもしろかったもんね。

若林　めちゃくちゃおもしろくて。「よし、もう夢見るのやめよう」って思って。その直後だったんじゃないですかね。

佐久間　『ＳＩＣＫＳ』がね。そのときに、若林がコントのキャラクターをやりながら亀甲縛りになったんだけど、その亀甲縛りになって歩いてる姿を自分で見ながら、「俺、もう1回お笑いやれるかも」って思ったんだって（笑）。

若林　そうなんです。亀甲縛りになって、爆弾が爆発してる煙の中を歩いてるのが象徴的だったのよ。テレビという亀甲縛りに縛られながらも、爆薬の間を進んでいくのが。そしたら、オンエアでカットされてるの。佐久間さん切っちゃってるの。

佐久間　そうなんだよね。尺に収まらなくてね（笑）。

（※1）自らの悩みや葛藤をつまびらかにし、生き様を見せる芸人を指す。

（※2）『浅ヤン』こと『浅草橋ヤング洋品店』は、1992年から96年にかけて放送されたバラエティ番組。テリー伊藤による過激な演出が特徴で、中華料理人の周富徳や金萬福、城南電機社長の宮路年雄、江頭2:50など、多くの人材を発掘した。その後、オーディションバラエティ『ＡＳＡＹＡＮ』としてリニューアルされる。

（※3）オードリー、ウーマンラッシュアワー、ナイツ、流れ星、山里亮太（南海キャンディーズ）という、2000年にデビューした芸人たちによるバラエティ番組。フジテレビ系で2014年10月に放送がスタートしたが、2015年9月に終了となる。

スペシャルインタビュー 若林正恭（オードリー）

「明るく元気で、
人に寄り添える。
佐久間さんの
人間力は異常です」

『オードリーのオールナイトニッポン』を10年以上続けてきた若林正恭（オードリー）が、番組ゲスト出演時を振り返りながら、佐久間のトーク、テレビマンとしての顔、あふれるバイタリティ、不思議な二面性などを語る。

ちゃんとおもしろくて、ちゃんと続いている番組

――まずはゲスト出演時（2019年8月28日放送）を振り返ってみて、感じたことはありますか？

若林　佐久間さんのラジオは聴いてたんですけど、現場に行くとスタッフも熱量が高くて、本気で笑ってる感じがしましたね。チーム一丸となった熱さがあるから、「何かが起こりそうな予感がするな」と思ったんですよ。オードリー（のオールナイトニッポン）は長くやってるので、よくも悪くも、みんな地に足が着いてるというか。それはそれでいいんですけどね。

――出演するにあたって考えていたことなどはあるのでしょうか。

若林　あのときは『あちこちオードリー』もレギュラーになってなかったので、「おもしろい番組やりたいのにな」って、ちょっと腐ってた時期で。だから、佐久間さんに対しても、仕掛けていこうかなっていう気持ちはあったかもしれないですね。「こっちは芸人で、ずっとラジオを続けたくて番組も守ってきたのに、なんで一生メシ食えるテレビマンが芸人の枠を1コつぶすんだ」っていう、追い風が吹くスタンスがとりやすいじゃないですか。でも、話してみたら楽しくて、そんな気なくしちゃったな。佐久間さんって、人のガードを解くんですよね。気負ってる自分がダサいっていう気分にさせちゃう明るさ、物腰のやわらかさがあると思うんです。

――面と向かってみて、改めて佐久間さんの人間力を感じられたんですね。

若林　そうですね。メールでイジられても、あえて受け身をとってあげてる感じもしないし、なんかあったかいし。あの人間力はすごいと思います。何より家族がいて、テレビマンなのに、あの元気さで深夜の3時～4時30分にラジオやってるって、異常な人ですよね。オープニングの笑いの量もすごいし。

――落ち込んだ感じを見せないというか。

若林　佐久間さんって、いつも元気でめちゃくちゃ笑ってますもんね、自分で言ったことに（笑）。俺もひとりでラジオをやったことはありますけど、自分で言ったことに自分で笑うって勇気がいるじゃないですか。佐久間さんは楽しそうですもんね。それでいて、痛みを抱えた人への寄り添い方も絶妙っていうか。ラジオって、長くやるにはそういう力も必要だと思うんですよ。

――スター性やおもしろさではない、人間性でしょうか。

若林　はい。俺、テレビ局ってトーナメントで勝ち上がってきた人たちが集まる場所だと思ってて。強い人が多いんですよ、気持ちとか、明るさとか。でも、佐久間さんってそれも持ってるけど、寄り添い方も絶妙なんですよ。いっしょに番組やってて思いますけど、「これ以上は寄り添わない」っていうタイミングも絶妙です（笑）。依存される手前みたいなところでちゃんとね、距離を空けるんですよ。

――なかなかマネできないですね。

若林 ですよね。ただ、「おじさん」としてちょっと弱い立場でしゃべるときも、佐久間さんはジメジメしてないのがよくて、そこは自分もマネしたいなって思います。「大変なんだよ～、ホントにおじさんは！」とか、なんかカラッとしてるから。

――リスナーにとっても、「明るいおじさん」のロールモデルになっているのかもしれません。

若林 タクシーの運転手さんに聞いても、佐久間さんの番組を聴いてる人が多くて。若い人も聴いてるみたいだし、ちゃんとラジオがおもしろければ、おじさんでも人気になるんですよね。それはちょっと衝撃だったなぁ。

――いろんな層に支持されて、気づけば番組も3年目ですからね。

若林 やっぱりね、マネージャーの岡田（※1）が「一番おもしろい」って言ってましたから（笑）。岡田って、お笑いを見る目がホントにシビアで、何がおもしろいかはっきり言うんですよ。でも、おもしろければ番組は続くっていうのは、夢がありますよね。

ひとりだけど、みんなでしゃべっているようなトーク

――ご自身の番組と比較してみて、佐久間さんの番組はどう見えますか？

若林　一番の違いは、リスナーからのメールを読むうまさですね。俺たちはホントにやってこなかったので、勉強になりますよ。なんかね、スカしてメールを邪険に扱っちゃうんですよ。カッコつけてんのかなぁ。佐久間さんはイジられ方も上手ですし。

――そのスタンスに至るのも早かったと思います。

若林　いろんなタレントを見て、「この人が番組でハネるにはどうしたらいいか」って考え続けて、番組を当て続けてる人だからかなぁ。でも、そういう意味でもラジオは人間力と直結してるんだと思うと、うれしくもあり、怖くもありますね。

――ラジオの大事な要素を再認識させてくれる番組であると。

若林　それにまあ、あきらかにおもしろかったんで。最初からおもしろいから、イヤでしたもん。何年かに1回、舞台のソデでほかの芸人を見てて、「あれ？　この人、力あるよな？　これは、とんでもないことになるな」って思うことがあるんですけど、佐久間さんのラジオはそんな感じでしたね。

――佐久間さんのトークについて、個性などは感じますか？

若林　エンタメ作品を紹介するときの話がすごくおもしろいなと思ってて。かけた曲の思い出や感想なんかも、エンタメを心から楽しんでるから伝わるものがあるんでしょうね。あれはマネできないです。

――佐久間さんも、作品を応援したい気持ちがあると言っていました。

若林　あと、作品についてひとりでしゃべってても、ひとりよがりにならないんですよね。パーソナリティがひとりだと、聴いてる側はひとりでしゃべってる画が浮かぶことがほとんどだと思うんですけど、佐久間さんのラジオって、7人ぐらい席についてて、その中で佐久間さんがしゃべってる感じがするというか。

――聴いているリスナーも、その場に同席しているような気分になるのかもしれませんね。

若林　そうそう。ひとりしゃべりの気合入ったパーソナリティって、テリトリーを結界みたいに張って、スタッフもその結界を破れないような空気をつくるタイプもいるんですけど、佐久間さんはスタジオ全体で番組をやってる感じがするんですよね。会議とかでも、人を動かすのがうまいんだろうな。

――一方で、佐久間さん自身は、自分の感情や価値観をのせて話せるパーソナリティに憧れていたそうなんです。

若林　佐久間さんは器がでかいから、むずかしいと思うんですよ。「細けぇことずっと言ってんな」とか、「なんでその角度でものをとらえんの？」って言われるような、圧倒的に間違ってる人じゃないとそのしゃべり方ってできなくて。ひとつのことを延々としゃべるって、器がちっちゃくてみんなに迷惑かけてる人じゃないとできないと思うんです。やっぱり「船長」だとむずかしいんじゃないですか。

――佐久間さんも「自分は鷹揚な性格なので、スタッフやリスナーを受け入れる形が合っている」と思うようになったみたいです。

若林　でもそれ、ラジオパーソナリティとしての悩みのレベルが高いっすね(笑)。芸人でも、「自分らしいしゃべり方ってなんだろう？」っていう悩みに気づかない人もいますから。

テレビマンとしてはプロに徹する佐久間

――佐久間さんの番組に多く出演してきた若林さんからは、テレビマンとしての佐久間さんはどう見えているのでしょうか。

若林　芸人さん、タレントさんのおもしろい部分をどう引き出そうか、っていうところから考え始めてくれる人だと思います。なかなかいないですね、まず人間から見てくれる人は。でも、プロっぽいシビアなところもあって。

――シビアになるのは、どんなときですか?

若林　企画がうまいことといかなかったときにグジグジしないというか、切り替えが早いんですよ。すぐに別の見せ方、展開をつくってくる。あと、『あちこちオードリー』のオンエアを観ると、プロの編集だなって思いますね。ラジオを聴いてるからおもしろくなるような部分は、シビアにカットされてます。

――わかる人にしかわからない話題は使われないんですね。

若林　演者とベタベタしてないというか、ちゃんと1時間のトーク番組としてつくってるから、けっこう血も涙もない切り方してて(笑)。俺が調子こいてずっとしゃべってた部分が、オンエアではまるまるなかったりします。

――出演者も演出もラジオパーソナリティのトーク番組ですが、あくまでテレビ番組としてつくられていると。

若林　でも、俺は収録してて普通に佐久間さんに話しかけちゃうことがあるんですよ。テレビ業界の話題になったら、「テレビマンからしたらどうなんですか?」って聞いちゃったり。まあ、使われないですけど。普段は佐久間さんのことを知るのってラジオを通じてだから、ラジオの人、パーソナリティだと思って話しかけちゃうんでしょうね。

――プライベートのお付き合いなどは影響しないのでしょうか。

若林　ふたりで食事したのも1回だけだし、普段会うことはそんなにないんです。でも、『あちこちオードリー』やってて、「5年前だったらこんな話の聞き方できないだろうな」って思うから、佐久間さんはちゃんとこっちを見てくれてたのかもしれないですね。

――タイミングまで見計らっていたのかもしれない。

若林　わからないですけど、5年前だともうちょっとトガってたし、イヤな目線で人のことを見てたから。佐久間さんはずっとオードリーのANNのスペシャルウィーク（ゲスト出演回）を聴いてくれてて、「テレビでスペシャルウィークをやりたい」って『あちこちオードリー』が始まったんですよ。俺がゲストからいろいろ引き出せるって、佐久間さんが気づいてくれたことがすごくうれしくて。梅沢富美男さんとか、松本明子さんをゲストに迎えながら、「この引き出し力、気づけやテレビ！」ってひとりで思ってましたから（笑）。

佐久間がフレッシュな顔で壊す、おじさんの壁

――会社員としての佐久間さんについてもうかがいたいのですが、佐久間さんからテレビ東京退社のご報告などはあったのでしょうか。

若林　本番前に聞いたくらいで、報告ってことはなかったんじゃないかなぁ。でも、テレ東を辞めるって、人生のY字路じゃないですか。けっこう悩んだんでしょうけど、それも明るく悩んでそうですよね。「振り込む力」も強いっていうか。ラジオの話がきたときも、「テレビマンだから、そんなの申し訳ないよ」なんて悩んでる時間が短いんじゃないかと思うんですよ。勝負するときは一気にいく人なんでしょうね。

――決断力があるということでしょうか。

若林　そうなのかなって。仕事場って、100%問題がない現場なんてありえないじゃないですか。問題やネガティブな要素も、まとめて引っ張ってきた人なんでしょうね。でも、人の痛みにも寄り添える。どういうことなんだろうなぁ。不思議な人ですよね。でも、答えを知っちゃうと夢がないから、本人には聞かないんですけど（笑）。

――では、答えは聞かないとして、今後見てみたい佐久間さんの姿や、これから先の関係性に

ついてイメージはありますか？

若林　佐久間さんの今後というより、自分たちの先を想像するのに、佐久間さんがラジオをやってることは刺激になってますすね。佐久間さんがエンタメについて語ったり、すごい熱量でエピソードしゃべったりしてるんだから、ラジオって年齢は言い訳にならないんだなって思いました。

――若林さんにとっても、ひとつのロールモデルであると。

若林　あの歳でもっと自分の好きなことをやるために会社を辞めるっていう選択をして、すごいフレッシュな顔で仕事してるじゃないですか。こっちは「そろそろ、こんなにネタつくらされるのダリぃな」とか思ってるのに、もっとがんばれなくもないのかなって考えちゃう。だから、迷惑でもあり、目標でもあるっていう感じですね（笑）。

（※1）『オードリーのオールナイトニッポン』でもそのエピソードが語られる、オードリーの名物マネージャー。

厳選フリートーク
珍事件編

事件系は起きちゃったことだからしょうがないんですけど、ホント、自分がイヤになりますね。いつか取り返しのつかない失敗を起こしそうな気がして怖いです。特に自分のダメさ加減に絶望したのは、ディスポーザーが壊れた話。長い一日が終わって、やっと寝れると思ったらあんなことが起きて……「絶対キレられる」と思ったし、最悪でしたね。（佐久間）

人間ドック

2019年7月3日放送

僕、来週人間ドック行くんですよ。だけど、ちょっと憂鬱なのが1コあって。一昨年くらいに、人間ドックがトラウマになる出来事があったんですよ。

人間ドックに行く前日の夜、急に体調悪くなったの。もう胃のあたりがうわ～ってなって、急に！　内臓がすごい重くなって、心配だからキャンセルしたほうがいいかなと思ったんだけど、逆にこれ何があるかわかんないし、ちょうどいいから診てもらおうと思って、人間ドックに行ったんですよ。

体調悪い中、血液検査からいろいろ診てもらって、ラスト胃カメラじゃん？　そもそも俺、胃カメラが苦手なの。**のどちんこが人並み以上にでかいから。**だから、「オエッ」ってなっちゃうのよ。**あと、のどちんこもムケてっから。**フハハ。のどちんこがデカチンだから、「オエッ」ってなっちゃうの。かっこよくねえ〜。フハハハハ。反射的にえずいちゃうのよ。

で、覚悟して決死の気持ちで始めたの。鼻からズルズルズルとカメラを入れて、麻酔だからよだれダラダラ垂らしながら、とにかく我慢。5分くらいで終わるかなと思ったら、おじいちゃんのお医者さんなんだけど、ちょっとヘンなわけ。「ん？」って言い始めて。

「んん？」って言って何回も見るわけ。普通の感覚だともう終わってるはずなんだけど、全然終わらなくて。**そしたら急に「あれ？」って言ったの。医者の「あれ？」って**
もうダメじゃん。フフ。超怖いじゃん。「え!?　え!?」って思ったら、「あれあれ？　ん？ん？」って言い始めて、看護師を呼び始めて。

ふたりで見て「そうだよね」って言い始めて。「**やっぱそうだ。ウソでしょ？**」って言ったのよ。もうさ、けっこうでかい声の「ウソでしょ？」ってさ、いやいやいやいや！　じゃん。俺、横になりながらさ、「教えてほしいけど知りたくないなぁ。『ウソでしょ？』はもうダメだろ……」と思って。でも、口にカメラくわえてるから、「んー」しか言えないの。

そしたら、看護師さんを3〜4人呼んできて、モニター見始めて。「ちょっと来て来て！

見て見て！」って言うから、「**あ、俺もしかして死ぬのかな？**」って思うじゃん。フハハ。看護師さんたちも「うわ〜」って言ってテンション上がってるのよ。

で、何が起きたのかなと思ったら、グルってそのモニターを俺のほうに向けて、けっこうなテンションで先生が「**佐久間さん！　ここ見て！　これよく見て！　寄生虫のアニサキス！　アニサキスがねぇ、佐久間さん！　生きてる！　いままさにあなたの胃を食い破ろうとしてる！**」つって。フハハハッ！

「これから激痛になるよ〜！」って言うから、「ウソでしょ!?」と思って。アニサキスって、サバとかサケとかにいる2〜3センチの寄生虫なのね。それを生きたまま食べると、胃の中で胃壁とかを食い破って、信じられない激痛なんだって。俺の上司もなったんだけど、それ以来サバ食べられないくらいトラウマになるんだって。

たしかに俺、その前日の昼にマスの刺し身を食べたのよ。分厚いマス寿司みたいなやつで。たぶんその中にいたんだよ。だから俺、夜から体調悪かったの。もぞもぞ動いてて、いままさに食い破ろうとしてるころで、先生が「でもさ、これ冷凍から解凍したのかわからないけど、動き鈍いね。**ここから元気になって食い破るよ〜！**」って。フッハハハハ〜！　ウキウキしてるのよ。「**佐久間さん、これね、人間ドックじゃないです。緊急除去手術です！**」って言い始めて！　もうなんか「よっしゃ〜！　緊急除去手術だ！　バタバタバタ〜！」みたいになって。『エヴァンゲリオン』の使徒が来たときのネルフ(※1)みたいになってて、ぶわ〜って人が集まって。よく見たら、たぶん研修医っぽいヤツもいるのよ。見学に来てるの。フハハ。

バタバタと機材を用意して、胃カメラは入ったままよ。そこからトングの細いやつみたいなのを入れる手術が始まるわけよ。その場で取るから、その胃カメラから。だから、看護師さんがオペレーターみたいなことやりながら、「取るよ〜。はい、ゆっくり押して。そうそう、もっと手前。あ！　それじゃあ胃を傷つけちゃう！　戻して。取るよ〜」って言ってやってて。フハハハハ！　**これはもうクレーンゲームだよ**。100円じゃ取れないやつ。

「もっと奥、もっと奥」って言ったら、急に「あれ？　……佐久間さん！」って言い始めて。「何！　今度は何!?」と思ったら、モニターをグイッと向けて「**2匹いるよ！**」って、フハハハハッ！　「2匹いるよ、やばいよ！」って言って。**もうゲームセンター**。フハハハハ。もうショーなのよ。テンション上がったおじさん医者のオンステージで、「よし、1匹取れた。戻す戻す。もう1匹……こっちのほうが動くなあ」「でもダメだ、これ。食い破っちゃうなあ」

とか言って。

で、最後のほう、ちょっと格闘しながらガチってつかんで。「**取ったぞー!**」って言って。もう「**獲ったどー!**」(※2)ですよ。ワハハハハ! 濱口優のテンションで「取ったぞー!」って言ったら、看護師さんたちも軽く拍手する人がいたりして。「うわ〜、いいもん見た〜」みたいになって解散したんだけど、俺もう胃の中に15分か20分くらいカメラがあるから、気持ち悪くなっちゃって。そのあと回復するのにけっこう時間かかったの。ありがたいんだけど、激痛走らなかったし。

で、着替えてたら、そのおじいちゃん医者が走って戻ってきて、「佐久間さん、本当にラッキーだよ。こんなことないからね。これ!」って言って何か渡されたの。「**アニサキスの記念写真**」って言われて。フハハハハッ! だから俺、アニサキスの記念写真で、2匹いるやつ持ってるのよ。フフ。っていう、人間ドックがトラウマですって話。


(※1) アニメ『新世紀エヴァンゲリオン』でおなじみの、謎の生命体「使徒」が突如襲来し、特務機関NERV(ネルフ)が使徒殲滅に向けて対応に追われるシーン。

(※2) テレビ朝日系バラエティ『いきなり!黄金伝説』から生まれた流行語。無人島生活の企画で、よゐこの濱口優が海で魚を捕らえたときの決めゼリフ。

この日のプレイリスト
cero「Summer Soul」

この日のおすすめグルメ
シュングルマン「大人のお子様ランチ」（八丁堀）

やっちゃったこと

2019年8月14日放送

先週の金曜日にバナナマンのライブが終わったあと、21時くらいに軽く打ち合わせを新宿でしたの。そのあとにイレギュラーで夜中の23時から、番組の音を仕上げるのを「ミックス」っていうんだけど、それがあるって言われてて。1時間くらいあるなと思ったから、おいしいうどん屋が新宿御苑にあって、そこに入ってうどんを食べてたの。そしたら急に連絡が来て、「佐久間さん、すいません。24時になります」と。21時半くらいだったから、3時間くらい空いて。じゃあもう、うどん食ってるけどビール1杯くらい、いいかなと思って。フフ。うどん屋でビール1杯飲んだのよ。

飲み終わったら22時過ぎくらいで、まだ2時間あるから、これはもう、近いところにある銭湯行っちゃえと思って。お酒抜こうと、銭湯行ってサウナ入ってさっぱりして。23時くらいだから、24時バッチリだと思って携帯見たらLINEがきてて。「佐久間さん。機材トラブルで27時になります」と。24時だったのが27時であと4時間か……風呂上がり……**これはビール飲むしかねえ！**　フハハハハッ！

銭湯の近くの串カツ田中的なところに入ってさ、ビール飲み始めたのよ。ビールを2杯くらい飲んで、串カツ的なものを食べて。この時点で24時くらい。あと3時間かと思ったら、この時点でまた連絡がきて。機材が止まりましたと。翌朝になりますって言われて。もうこれ5時か6時だなって。でも、オンエアがあるから5時か6時にやらなきゃいけないのよ。もうそうなると「**ハイボールください**」ってなるじゃん。フハハハハッ！　もうだって翌朝だから。ハイボールをまた……ひとりでだよ？　俺、めちゃめちゃ忙しいはずなの。**なのに、うどん食って、銭湯行って、ハイボール飲んでるの。**フハハ。3～4杯飲んで気持ちよくなったなあと思って。まあ都合でいうと7杯くらい飲んでるんだけど（笑）。

25時くらいかな？　そこが新宿御苑のあたりで、でも、朝だから1回家帰るのもあれだなと思って、テレ東に行ってちょっと作業して、少し酔い覚ましてから行けばいいやと思って。ミックス終わってから寝ればいいやと思ったの。夜風も気持ちいいし、全然時間あるからテレ東に歩いて帰ろうと思って。新宿から六本木までゆっくり歩き始めたの。

歩き始めると、四谷の裏のほうを通るんだけど、そこって基本はオフィス街なんだけど、なぜかラブホとかもいくつかあるのね。完全なラブホ街じゃなくて、ちょこちょこあるのよ。そこをゆっくり歩いて、「夜風が気持ちいいな～」と思ったら、ラブホテルがあって、そこから30メートルくらいのラブホの前でもない路上で、**キスをしながらおっぱいを揉んでるカップルがいたの。**フハハハハ～！ 歩きながら1回見て、「あ～……え!? ラブホの前だよ!?」と思って。**「入れ！ 入れよ！」**と思って。フハハハハッ！

なんでそこでゴリゴリにキスしながらおっぱい揉んでるんだろうなと思ったんだけど、スーツ姿のサラリーマンとたぶんOLさん。金曜の夜だから。どういう事情なのかわからないんだけど。「やっぱり私、あなたとは行かない」って出てきたところで、もう1回キスして始まったのか知らないんだけど。でも、明らかにB的なものをしてるのよ、キスしながら。

けっこう離れたところから歩いてたんだけど、どうしても歩かなきゃいけないから。徐々に近づいていくんだけど、俺も酔ってたのもあって、**これはこれで一興だなと思って。**フハハハハッ！ なんかもうぼんやり見ちゃって。いつの間にかぼんやり見て、いつしか俺は立ち止まってたの。立ち止まっちゃったの、俺、気づいたら。**立ち止まって風も気持ち**

よくて、見て気持ちよさそうだなあと思って。フハハハ。サウナでいうところの「整った」っていう状態にそこでなっちゃって。

ボ〜っとぼんやり見てたら、「わ〜、キスしてんな〜」と思って。全然やめないし。でも徐々には歩いてたから、気づいたらもう2メートルくらいの近さにいたのよ。フハハ。このカップルは気づかずやってるわけ。「うわっ、すげー近づいてる！　さすがにこれは近すぎる！」と思って、ゆっくり行こうとしたんだけど、でもやっぱり見ちゃうの。**ゴリゴリにやってるから、キスを。**

で、通り過ぎるくらいで女の人が気配に気づいて、パッと目を開けたのね。そしたら俺と目が合ったの。俺も「うわっ！」と思ったけど、それはもう軽い会釈くらいで通り過ぎようと思ったら、その女の人の動きでキスが外れたわけよ。そしたらその男の人も、30代前半くらいのサラリーマンもパッと見て俺を振り返るじゃん。「うわっ！」と思って。

男の人がすげーびっくりしてるの。ビクッ！　って。「**やばいやばい、殴られるかも！**」と思って。フハハハ。だってホテルに入らずにホテルから30メートルくらいのところでキスし始めてるカップルだから……でも謝るのも違うしなと。こいつらが勝手にやってるわけで、俺、普通に歩いてるだけだから。……普通には歩いてないよ。フハハハハ！　うん、ごめんごめん。普通には歩いてない、立ち止まった。
すげえ悩んじゃって。怒られるのもイヤだけど、でもおまえらも始めてることだからって。「ヤバいヤバい！　どうしよう！」と思って。出た言葉がね、「いや〜、夏っすね！」。フハハハハ〜！　さらにヤバいヤツになるっていう。フフフ。
そしたら男のヤツが「おぉ」って言うから「ね！」って言って、そのままゆっくり角まで行って、角から走ってタクシー止めて。フハハハハッ！　そのままテレ東戻って……本当にヤバいわ。ヤバいおじさんだった（笑）。

この日のプレイリスト
Awesome City Club「今夜だけ間違いじゃないことにしてあげる」

この日のおすすめグルメ
京橋屋カレー「ときえカレー」（京橋）

ディスポーザーぶっ壊れ事件

2020年11月4日放送

先週のオンエア直後なんですけど、先週はさ、『あちこちオードリー』のオンラインライブがまずあって、それが大盛況で終わって。そのあと27時からチケット売ったじゃないですか（※1）。おかげさまでチケットも売り切れて、**「2千4百枚の男だ〜」**なんて盛り上がって。ただもう、最後のほう、疲れ果てて俺と（作家の）福田、ＣＭ中立ってたもんね。でも、達成感があって、うれしいな〜なんて思って、今日はがんばったな〜ぐらいのテンションで家帰ったの、5時過ぎぐらいにね。

で、例によって娘のお弁当はつくらなきゃいけないから。24時間スーパーに立ち寄って、食材と「今日はビール飲んじゃおうかな〜」と思ってビール買って。帰ってご飯炊いて、ビール開けて。マジで哀しいなと思いながらも、ひとり打ち上げよ。**2千4百枚売って、『あ**

ちこちオードリー』のオンラインライブやって、5時前にひとり打ち上げ始めたの。

1缶飲んで、「もう1缶開けちゃう?」みたいな間にご飯も炊き上がったから、おかずつくり始めて。で、食べながらビール2缶目飲んで。もうゴキゲンよ。打ち上げもいいところになって、ご飯詰めたらおいしそうにできたから、その時点で5時50分ぐらいかな? 娘と奥さんが起きてくる前に朝ごはんをスタンバイしたらもう寝るだけだと思って、ピザトースト焼く準備をして、お湯沸かしといいて。お〜、今日手際いいな、この時点で6時ですよと。

家族が起きてくるまで20分ぐらいありますよと、じゃあ片づけて寝るかなと思って。そうだ、そうだ、食器とか洗わないでいて怒られたことあるから、いかんいかん、今日はゴキゲンだしと思って、フライパン洗って、まな板とかも洗って、最後に野菜くずとかをまとめてさ、ディスポーザーっていうのに入れんのよ。ディスポーザーっていうのは、生ゴミ処理機ね。フタ閉めて、ランプがついたら水道流しつつスイッチオンすると、ウィーンってまわって生ゴミを裁断してくれるわけ。

俺、それけっこう好きで。ひと仕事終わったあとにボタン押すのが好きで、しかも、今回なんて長い1日の終わりの、お弁当までつくり終わった後だから。なんかテンション上がってて、生ゴミ全部入れて水流したあと、**「スイッチオン！」って言っちゃったのよ。**アッハハハハハ。ひとりで。酔っぱらってるからね。「スイッチオン！」ってガチって押したら、**ウィンウィンウィンゴン……ガァリガリガリッ！**って音がして。フタ開けようとしても開かないの。で、ガァリガリガリ、ウィンウィンウィン！　ガチッ！　ガチッ！　……シューンってなって。明らかに聞いたことのない、俺、このマンションに12年住んでんだけど、初めての音がしたから、「何何何!?」と思って。フタ開けようとしたんだけど、なかなか開かなくて。ガコッて開けたら、中の生ゴミそのまま。全然裁断されてないの。

仕方ないから、生ゴミに手をつっこんで、ズパッて出すわけよ、朝6時にね。で、水で飛ばして、携帯のライトで照らして見たら……ディスポーザーって、中に回転して裁断できるやつが入ってるんだけど、そこと上のまわるところにシルバーのものがガッって挟まってて。よく見たら、ミニフォーク。**ミニフォークが、超能力者が曲げたぐらいの状態でガチってハマってるのよ。**これたぶんね、ミニフォークが間違って入ってたのを知らないで、フタ閉めてディスポーザーまわして、ゴリゴリゴリゴリガチッ！　ってなって、完全にハマって動かなくなったわけ。**まあこれぶっちゃけ、壊したわけね、フフフ、ディスポー**

ザーを。

「これいつ入ったんだよ？　俺、弁当づくりでミニフォークなんか使ったっけ？」と思ったのよ。でも、使ったかもしれない。そもそも酔っぱらってるから。フッハハハハ。いつもだったら1缶も飲まないし、なんだったらノンアルで弁当づくりするのを、2缶飲んじゃったから。

「う～わっ！」と思ったあと、後悔より先にヤバいヤバいヤバい……がくんのよ。だってさ、こんなん一番怒られるじゃん。ディスポーザーって、毎日使うもんだもんね。生ゴミをそこで処理しないと、どんどんたまってくし。家族が起きてくるまで、あと10分とか15分よ。これもう奥さん起きてきてディスポーザー壊してたら……**殺されるなと思って。**フハハハハ。もう1時間前のチケット売り切ったテンションはないのよ。**「何、『2千4百枚の男』とか言って、調子乗ってビールとか飲んでんだよ、俺……1時間前に戻りたい！」**と思って。「ディスポーザー壊し男」ですよ。フッハッハ。

それじゃなくても最近、まあまあ怒られる事案を発生させてたの、俺がね。俺が悪いんだけど。12年住んでてディスポーザー壊れたのも初めてだから、これは絶対怒るなと思って。なんとかもみ消したいと思ったの。**だって、怒られるのってダリぃじゃん？**　フハハハハ。だから、なんとかこれを解決するしかないと思って。ミッション開始よ、もう。あと10分ちょっとで取り出すしかないと、まず、手を突っ込んだんだけど、ディスポーザーがちっちゃいから取れないわけよ。しょーがねーから菜箸を入れたんだけど、全然ムリなのよ、弱すぎて。完全に噛んでるから、フォークがね。テコの原理でやろうかなと思ったんだけど、ミシッて音がしたから、「これ菜箸折れちゃうな、いかんいかんいかん」と思って戻して。

包丁いけるかなと思ったんだけど、包丁はあぶねーなと。刃物が飛ぶかもわかんないから。で、なんかテコの原理で使えそうなやつって思ったときに、銀色のトングがあったの。「あ、これだ」と思って。トングを入れて、（フォークに）引っかけようとしたらちょっと引っかかるわけ。ここでテコの原理でまわせば、と思って、トングの持ち手のほうを思いっきりひじでグルンってやったら、そのままグニャン！　ってトングが曲がって。フフフ。**カランカランカランって曲がったトングが現れたわけ、ディスポーザーから。……ダリぃ〜。**フハハハハッ！　「マジダリぃよ〜」と思って。

で、しょーがねーから、そのトングを逆に戻したのよ。戻したら、やっぱ勢いがわかんないから逆側に波打って、ちょっと波打ってるトングが完成したのよ。わかる？　すげーダリぃトング。「これいけるか？」と思って、弁当の残りのおかずをつかんだんだけど、ズレてて全然つかめないの。「ダリぃ～」と思って。これは絶対にダメだと。どうしよう……これ手じゃもうムリだと。「あ、ペンチだ」と思って。ペンチでちょっとずつ曲げれば戻るから。「ペンチどこにあったっけ？　あ、工具箱だ」「工具箱どこにあったっけ？」と思ったんだけど、「う～わ～廊下の物入れだ」と。奥さんが寝ている寝室の向かいなのよ、廊下の物入れは。これ、バレたら終わりだけど、どうする？　ほっとく？　知らないフリする？　ダリぃから。いやでも、バレるなと思って。

時刻は午前6時5分。家族が起きてくるまであと10分ね。だいたい6時15分ぐらいに目覚まし鳴るから。工具箱取りに行くしかないと思って。俺は2千4百枚の男だから。「**心を燃やせ!!**」と思って。フハハハハ！　「**煉獄さん、俺に力をくれ！**」と思って（※2）。ゆっくりゆっくり廊下を歩き始めたの、工具箱を取りに。

でね、音立てたら終わりだから、ホントにゆっくり歩くの。朝の10分は貴重だから、起こしたら奥さんにキレられるし、それで起きて行ったらさ、**トングば曲がってて、ディスポーザーはぶっ壊れてたら……終わりだもん、こんなん。**奥さんの寝室に漏れちゃうから廊下の電気をつけないで、携帯の明かりでチロチロ照らしながら、ゆっくりゆっくり工具箱目指して歩いたんだけど、途中で気づいたの。「**もう泥棒じゃん**」と思って。フハハハハ。

苦労して自分で買ったマンションなんだけどっていう。それで、国際フォーラムのチケット売り切った1時間後に、廊下を抜き足差し足歩いてるんだよ。フハハハ。
なんとか物入れの前について、ゆっくり開けて、工具箱を持って。工具箱って音がするから完全にガッチリ抱えながら、今度はゆっくりゆっくり暗闇の中を台所まで行って、ガチャッて閉めて。ペンチを取り出して、トングの曲がってるところをペンチでゆっくり直し始めたら、あ、これ意外にいけるなと。「始めからペンチでやればよかった～！」と思いながらグッてやってたら、5分ぐらい時間かかったけど、パッと見で曲げたかわかんないな、しかもちゃんと弁当のおかずもつかめる！　**オッケーオッケーオッケー！　完全に戻った。で、寝ようと思ったんだけど……いや、何も解決してねーじゃねーかって。**フハハハッ！　ディスポーザー！　っていう。**ウゼぇ～、ダリぃ～**。俺さ、15分のうちの10分ぐらいかけて、トング壊して戻しただけなんだよ。フハハハ。

目の前に壊れたディスポーザーがそのままあるから、「ヤベー、あと5分ぐらいで目覚まし鳴っちゃう」と思ったんだけど、右手見たら、ペンチ持ってたわけ。あ、これじゃん！　っていう。「うわ、これで始めからいけたじゃん。トングでいってんじゃねーよ、ペンチでいけよ！」と思って、ペンチを入れたの。でも、ディスポーザーが狭いから開けないのよ。つかめないわけ。「うわ、なんだよダリぃな～」と思ったんだけど、ほかにないかと思って工具箱見たら、マイナスドライバーとトンカチがあったのよ。でかいやつね、金槌。「あれ、これもしかして……」と思って。

金槌を右手に持って、マイナスドライバーを左手に持って、左手をディスポーザーに入れてみたら、やっぱり細いから、ガチッとフォークが噛んでる部分に入るわけよ。で、ゆっくり金槌でカーン、カーン、カーンって打ってみたのね。「引いてダメなら押してみな」ですよ、これ。カーンカーンって打ったら、ガチガチッガチガチッ、ガコッっていったの。ちょっと動いたの。**「うわ、俺、頭いいぜ～。早稲田ナメんな～！」**と思って。フッハハハハ～。「これきたぞ～！」と思って。

またゆっくりカーン、カーンって打ったら、**もうね、完全に彫刻家。もしくはアイアンマン。**フハハハハ。#1のトニー・スターク(※3)。あのぐらいのテンションでカーンカーンって叩いてたら、ガコッガコガコッ！　つって。もうちょっとガコンっていったら、奥にハマったの。「これまわせばいいのか？」と思って、ドライバーを横にして、金槌でバコーンと叩いたのよ。そしたら、テコの原理なのか、ガツンと動くじゃん。で、もう一発いったら、**ピョーン！　ってフォークが飛んで、台所のテーブルにカランカランって落ちて。**

もう完全に曲がったやつが落ちたわけ。

で、ディスポーザー押してみたら……動く！ ウィーーン！「うわ～！」と思って、パッと見たら、14分！ 工具箱だけ冷蔵庫の上に置いて隠して。いつもだったら寝ちゃうんだけど、もう目覚ましがピピピピピって鳴り始めたから、ピザトースト焼いて、お湯沸かして、そのまま待ってて。紅茶淹れながら、家族がゆっくり起きてきたときに、「**おはよう**」つって。フハハハハハ！「え、パパどうしたの？ 普通寝てるじゃん」って言うから、「いや、今日はさ、ちゃんと出迎えようと思って。なぜなら、家族の団欒（だんらん）してないじゃない？」っていう。フハハハッ。で、ピザトースト出して、紅茶淹れて、「え～ありがとう～」なんて言われて、「いやいやいや。俺、ちょっと寝るわ」と。俺もう今日さ、いろんなことがあったにせよ、「とりあえず自分で解決できたな～」と思って、そのまま寝たの。

起きたら、携帯見るわけよ。仕事のＬＩＮＥとかくるから。そしたら、1件だけきてて。それが奥さんで、開いたら、折れ曲がったフォークの写真が添付されてたの。「う～わ～！」と思ったら、「**ありがとう～。私、つまらせてたの取ってくれたんだね、やさしい～**」つって。……俺じゃなかったんだよ。フハハハハハッ！ ダリぃ～！ 全然俺じゃなかったんだけどっていう。奥さんがやったやつだったんだけどっていう。そうだよ、だって俺、フォーク使ってないんだから。

（※1）放送中に東京国際フォーラムでのイベント「佐久間宣行のオールナイトニッポン0（ZERO）リスナー大感謝祭2021〜fanfare〜」の先行予約を開始。2千4百枚を売り切った。その後、イベントは緊急事態宣言を受けて開催を断念。代わりに配信イベントが行われた。
（※2）「心を燃やせ」は、漫画『鬼滅の刃』のキャラクター、煉獄杏寿郎の名言。
（※3）映画『アイアンマン』の主人公、トニー・スタークは、1作目でテロ組織に拉致された状況の中、パワードスーツを手づくりしてのけた。

この日のプレイリスト
ELLEGARDEN「風の日」

この日のおすすめエンタメ
映画『罪の声』

財布落として家帰れない

2020年11月11日放送

先日、久しぶりに会う人がいたんですよ。僕が尊敬する10歳くらい年上の先輩なんだけど、3月くらいに会う約束してたのが、コロナで流れちゃって。そしたら、やっぱり半年ぶりくらいだから、まあ盛り上がって、非常に楽しい夜を過ごしたんですよ。エンタメの話から、仕事の話とかも相談できる人だから。

で、24時過ぎたのかな？　24時過ぎてまで飲むことってほとんどなかったから本当にゴキゲンで、解散してタクシー乗ったのね。タクシー乗ったら爆睡しちゃって。ラジオ明けだし。目が覚めたら、もう家の近くだったの。でも、逆にちょっと寝たからスッキリして。20分くらいしか乗ってないけどね。それで、気持ちいい感じになって、「あ、もういいですよ。そこの信号右に曲がったところで止めてください」と。家からちょっと離れてるんだけど。

なんでかっていうと、**俺、ゴキゲンなときはアイス買って食べて帰りたいわけ。**で、今日こそ、その日だと思ったわけよ。ソフトクリーム的なものか、棒タイプのチョコアイスかで最後まで悩んで。でも、食べたことないのがあったのよ。パルムのクッキー&チョコレートがあって。パルム自体も好きなんだけど、中にクッキー&チョコレートが入ってるの。ずっと買おうと思ってたから、「今日だろ！」と思って。

それをゆっくり食べながら歩いてたの。マンション近くなっても食べ終わらないから、**マンションのまわりを1周して……**銀杏BOYZの新譜とか聴きながら、「もうゴキゲンだな」と思って。

で、アイス食べ終わって。マンション帰ろうと、なんとなくポケットに手を入れたら、ポケットがヌルってしたわけ。何かと思ったら、パルムの袋なわけよ。ゴミをポケットに入れっぱなしだったの。いまゴミ箱ってさ、ないじゃん外に。左手にチョコのついた袋と、右手に棒を持ってて。「うわ、これでマンション入るのめんどくせーな」とか思った瞬間に、マンションの住人が現れて、オートロックが開いたわけよ。「うわ、ラッキー！」と思って、そのままスーンと入って。で、1階にある共用のゴミ箱にそのままアイスのゴミを捨てるわけよ。なんでかわかる？　**アイスのゴミを家に持って帰ると、奥さんに怒られるから。**フハハハ。

そこに水道があるから、そのまま手洗って。全部もう完璧。完全犯罪。いい夜でした。フハハハッ。

そのままエレベーターで上がって、自宅の前で鍵を出そうと思って。鍵は財布に入れてるから、右のポケットに手を入れたの。**そしたら、財布がないわけ**。まあまあまあまあ……と思って左のポケットに。うん、ないわけ。「腰のほうかな？」と思って腰のポケットに手を入れてもないわけ。はいはいはいと。あるよあるよと。スカジャン着てたから、スカジャンのポケットも右と左、手を入れたの。何もないわけ。「ほかにポケットないかな？」と思って、スカジャンの内ポケットがあったから入れたの。ないわけ。っていうか俺、スカジャンに物なんか入れたことないわけ。フハハハハハッ！

で、かばんの物入れを探してもない。まあこれはしょうがないと思って、かばんをひっくり返して、全部出して。フハハハ。本とかも散らばってる状態で。全部見た。「**ない！　財布がない！**」って。フハハハハハッ！　「**はい、財布がありません！**」ってなって。深夜の1時15分くらいですよ。ピンポン押して家入ってもいいけど、寝てるじゃん、絶対。で、鍵がなくて夜中の1時15分にピンポン連打して奥さん起こすって……これはもう絶対怒られるうえに、そもそも財布がないからそれどころじゃないわけよ。

俺、5月くらいまでは長財布使ってたんだけど、自粛期間中スーパーにしか行かないから、めちゃくちゃ薄いミニ財布に替えてたのね。カードケースと小銭入れがついてるようなやつに、クレジットカードと免許証と社員証とマンションの鍵だけ入れてるの。**一番大事な物だけ入れてるから、なくしたらもう終わりなのよ**。フハハハハハッ！「うわ〜！」と思って。酔っててアイス食べてゴキゲンだったから、完全にノーケアで。

これはもうあれだな、来た道戻りながら探すしかねえなと思って。「ダリぃ〜！」と思ったんだけど、もう行くしかないから。そこから、さっきまでゴキゲンで来た道を、下を血眼で見ながら、スマホのライトつけながら1歩ずつよ。1歩ずつマンションを歩いて行ったの。マンション出るまでにはまったくない。で、共用のゴミ箱行く。いちおうゴミ箱開ける、間違って捨ててないか。アイスのゴミがあるだけ。はいはい。で、マンションを出る。財布はない。そこから歩いてきた道……「**なんで俺、マンション1周してんだよ！**」と思って。フハハハ。マンション1周をゆっくり……。ねぇか〜？　ねぇか、ねぇか〜？　って。歩いてきたルートも覚えてないから、ジグザグで全部見るっていう効率の悪い歩き方をするわけ。だから、10分で歩いたところを20分くらいかけて血眼よ！　血眼で探してもないわけ。そのままコンビニに向かって今度は歩いてくんだけど、ないのよ。「うわ、ないな〜」と思ったままコンビニに着いたの。

コンビニに着いて、「もうここでなかったらコトだぞ」と思いながら、店員さんに「あの、僕、さっきここでアイス買ったんですけど、財布落ちてませんでしたか？」って聞いたの。そしたら、店員さんに「どんな財布ですか？」って聞かれて。はいはいはい、要は本人確認ってことじゃん。だから、**「あのですね、財布っていっても薄いやつで、財布っぽくない、でも財布みたいな財布なんですけど」**って、**「辛そうで辛くない少し辛いラー油」みたいな説明したわけ。**フハハハ。そしたら、「はいはいはい。落とし物はまったくないですね」って言われて。フハハハハッ！　いや、待ってくれよと。じゃあなんで「どんな財布ですか？」って聞いたのよって！　フハハハ。いやもう、本当にときめいちゃったの。絶対あると思ったのよ。そしたら、「**この2時間くらいの間に落とし物はいっさいありません**」って言われて。

で、コンビニを出て。そこからタクシー降りたとこまで歩いて行って。そこで気づいたの。よく考えたら俺、アイスをSuicaで買ってたわと。そういえばタクシーもSuicaで、財布出してないよと思って。ってことは、どこだかもまったくわかんない。「となると……居酒屋だ！」

と思って。

なじみの居酒屋だから、確実に俺は払ってる、カードで。ってことは財布出してると思って電話したのね。そしたら、居酒屋も撤収中だったんだけど、「すいません、佐久間です」「ああ、今日はありがとうございました」「あの、財布落としたかもしれないんですけど、そちらにありますか?」って言ったら、「いやいやいやいやいや、絶対にないです」って。「なんでですか?」って聞いたら、「俺、覚えてますもん。佐久間さん、お金払ったあと財布をポケットに入れて出ていきましたよ」って。「なんで覚えてるかっていうと、『薄い財布だな~』と思ったんですよ。だから絶対覚えてます」って言われて。

はいはいはいはいはい……**ってことはもう間違いない。その間のタクシーです!ってなる。**フハハハハハッ! ポケットには入れてたんだから。もうどんどん絞られてきた。タクシーです! タクシーはSuicaで払ってるから、いつのまにか落としてたの、たぶん。


で、タクシーで絶対にレシートもらってるはずだと思って。俺、4~5年前にも財布落としたことあって、そのときタクシーのレシートがなくて大変だったの。だからそれ以来、どんなときもタクシーのレシートもらうようにしてて。レシートにはどこのタクシー会社ですっていうのと、連絡先と乗車番号みたいなのが載ってるのよ。だから、その番号を追跡してもらえば一発なわけ。

レシートどこにしまったかなと思ってポケット探したよ。ないのよ！　そりゃないのよ。**俺、たぶん財布に入れてんのよね。**フハハハハハッ！　あ、でも！　いや、違う！　と。だって財布落としてるんだから、もらったレシートは絶対にポケットに入れてると。ポケットに入れてるのにない！　それはなぜなんだ。ここでね、気づきましたよ。あ！　アイスの袋といっしょに共用のゴミ箱に捨てたなって。間違いない！　そこにしか捨ててないわけ。そこまで入れっぱなしだったから、たぶんね。ってことは……**「え？　俺ここからマンション戻んの？」**と思って。フハハハハハッ！　寒い中！　もう40分以上経ってるんだよ。もう1時45分とかなの。

そこから「うわ、ダリぃ～！」と思いながら、マンションまでちょっと早歩きよ。そのまま走って行って、マンションの前まで着くじゃん。いちおう探しながらよ？　で、共用のゴミ箱にたどり着こうとするじゃん。**ここで何が起きたか、みなさんわかりますか？　鍵がないから入れないいんですよ。**フハハハハハ～！　鍵がないからマンションに入れない！　さっきは奇跡的にたまたま人が通っただけで……これわかります？　リアル脱出ゲームですよ、もう。フハハハハハッ！

うわ、マンション入れない！　ってことは、奥さん起こすのかと。スマホ見たら、もう1時55分くらい。1時55分に起こすのはないじゃん。「これどうする……？」と思って、10分くらい立ち往生。で、2時まわるくらいのときにタクシーが止まって。夜のお姉さんみたいな感じの人がフラフラ入ってきたの。来い来い来い来い！　俺も横で電話かけてるフリとかして。で、ウィーンって開くじゃん。**そのまま入っていったの、俺。もうコソ泥だよ。**フハハハ。

オートロックだけ突破して、そのまま共用のゴミ箱行ってパカっと開けて。そしたらありましたよ。パルムの袋に白い紙がくっついてたの、いっしょに。「うわ、これレシートじゃん！」と思って、そこからペリっとはがして。で、レシートで車両番号を確認しようとして見たら、**タクシー会社は「パルム クッキー&チョコレート」って書いてあって……コンビニのレシートなんだよ。**フハハハハハッ！　タクシー会社は「パルム」って。フハハハハハッ！　う～ん……たしかに、コンビニでもレシートをポケットに入れたと思って。謎が解けた～ってなって。

これないわ～と思ったら、そのレシートにべったりくっついて、もう1枚あったの！　そうなんだよ、俺、タクシーのレシートをポケットに入れてるから。で、べたってはがしたらもう

1枚あって、**見たら、「○○交通」、タクシーのレシートがあったの。**降りてる時間も25時くらいだから、これなのよと思って。マンションから出て即電話。

電話したら、「はい、もしもし○○交通です」って言うから、「先ほど乗ったタクシーで財布を落としたと思うんですよ。車両番号は▲▲です。△△から××まで乗りました」って言ったら、運転手に確認できますって言われて。外で待って10分後、冬の近い時期、もう深夜2時まわってますよ。そのときに携帯が鳴ったの。

そしたら、知らない携帯の番号が出てて、すぐ取ったら運転手さんだったの。「**ああ〜、お客さん、お財布ですか？　ありましたよ**」って言われて。「うわ、やった〜！」と思って。「薄いやつですよね？　申し訳ないんですけど、念のためちょっとだけ中の社員証見たら、『佐久間』って書いてあったんで間違いないです」と。「ありがとうございます!!」ってなって。「いまから届けますよ」って言われて、「本当ですか！　申し訳ないです」「いや、全然。いまお客さん降ろしたところだったんで、ここからだと40分くらいかかっちゃうかなあ」って言ってて。「40分でもありがたいです」って言ったら、「じゃあ、降りたところで待っててもらって」って言われて電話切られて。**いや、ちょっと待って！　降りたところで!?**っていう。

あと10秒電話つながってたら、俺、マンションの場所言ったのよ。たぶん40分かかるから、即乗ってくれたのよ。「うわ、俺、降りたところまで戻るのか……」と思って。フハハハ。

で、そこから40分後なんだけど、俺、外出てるじゃん？　マンションはもう入れないわけ。鍵ないから。だから、もうその場所に行くか、コンビニに行くかなんだけど、とりあえずコンビニに行ったわけ。で、コンビニ入ろうと思ったんだけど、待てよと。**鍵なくしてるヤツじゃん、もうそれは。**フハハハ。だから、「これはもうハズい、無理だ」と思って。もう腹をくくって、タクシーを降りた路上で30分くらいそのまま待って。銀杏ＢＯＹＺ聴きながらね（笑）。

そしたらタクシーが止まって、運転手さんから財布渡されて。「ありがとうございます!!　お金払います」って言ったら、「いや、いらない」って言われたんだけど、「いや、ここまでのお金だけ払わせてください」って言って、その落とした財布からお金を払って。フフフ。

で、「ありがとうございました！」って言って、そのまま家に戻って鍵をカチャッと開けて、もう身体中が冷え切ってるから……スマホの時計見たら、もう3時なんすよ。フハハハ。2時間外にいて。そのまま風呂場行って、追いだきしてお風呂に入ってあったまりながら、15分くらい経って思ったね。**薄い財布も考えものだなって。**フハハハハハッ！　うん、便利なだけじゃダメだよ。俺、長財布に戻そうかと思ってる。

この日のプレイリスト RHYMESTER「K.U.F.U.」

この日のおすすめエンタメ 映画『羅小黒戦記（ロシャオヘイセンキ）』

石岡瑛子展

2021年2月10日放送

先週末ね、展覧会に行ってきたのよ。「石岡瑛子 血が、汗が、涙がデザインできるか」っていう展覧会。石岡瑛子さんっていうのは、1960年代初頭から資生堂で広告のデザインを始めて、1980年以降は拠点をニューヨークに移して、映画の衣装デザインとか、舞台セットデザインとかを手がけた、数々の世界的な賞を受賞したスーパークリエイターね。アカデミー賞も受賞してる。

その人、とにかくかっこいいのよ。「**サバイブ**」**が口ぐせだからね**。あと、「Timeless, Original, Revolutionary」、この3つがないものはつくらないとか、「私は衣装ではなく、視覚言語をつくっています」とかっていう。インタビューもかっこいいし、作品もかっこよくて。で、展示作品自体すごいんだけど、この展覧会がすごいのは、過程が見れるのね。どういうことかと言うと、目の前にポスターがあったら、そこからちょっと離れたところで直しの指示が赤でブワーって書かれた版下（※1）とかも見れるの。それが凄まじいのよ。「**俺、これデザイナーでいっしょにやってたら、ちょっと泣いちゃうな**」っていうぐらい、「全然違う！」とか「もっと○○で！」とかブワーって書いてあって、全部の作品にどれくらい熱量込めて直してたかがわかるの。

作品自体は見たことあるけど、そこにたどり着くまでの思考の過程まで見れるっていうのがすごくて。とにかく食らいまくるわけ。最初の着想がどこで、どこで修正して、周囲にこんなに厳しく伝えたからここまでクオリティーが上がるんだ、とか。そういうのがわかるわけ。最初さ、インプットになればとか、勉強になればっていう気持ちがあって行ったの、俺もね。**あの〜……ムリムリ！**「**すげー！**」**ってだけ**。圧倒される感じなのね。

後半ブロックは、石岡さんって80年代以降は世界的な衣装デザイナーとしてめちゃくちゃすごかったから、衣装がたくさん飾ってあんのね。例えば、フランシス・フォード・コッポラ（※2）の『ドラキュラ』とかさ。シルク・ドゥ・ソレイユ（※3）の衣装とか、北京オリンピックの開会式コスチュームとかも石岡さんなわけ。

その衣装がさ、衣装単体で見ると、なんつったらいいんだろ……正直、「キョトン」もあるわけ。**「かっこいい」もあるけど、「キョトン」もたくさんあるのよ。**一瞬、「石岡さんが上げてきて、これを俺はかっこいいと認められるだろうか？」とか思うのね。でもね、衣装のあとにモニターがあって、そこで実際に着てる人とか見ると、めっちゃくちゃかっこいいわけ。

で、その中にグレイス・ジョーンズっていう、ジャマイカ系アメリカ人の歌手の衣装があって。黒人の方なんだけど、1970年代にアンディ・ウォーホル（※4）のミューズにもなったような、すごいアーティスト。その人の衣装が飛び抜けてすごいのよ。

飛び抜けてすごいっていうのは、笑いの目線で言うと、飛び抜けてとんちきなわけ。あのね、説明むずかしいな、**白い陶器でできた防災頭巾の、肩にかかる部分がめちゃくちゃ長くてツノみたいになってるとか。**フハハ。わかる？　なんつったらいいんだろうなぁ……。あとね、坊主頭に青いトサカの、どでかいのだけがある、みたいな。そういう、着たらたいていの芸人が「ボケ強すぎますよ～！」って言うような衣装なの。

だから、「これはさすがに俺、かっこいいって言えるかな？」と思って。でも、モニターでグレイス・ジョーンズがそれ着て歌ってるの見ると、めちゃくちゃかっこいいの。もうホント、めちゃくちゃかっこいいのよ。ただ、衣装だけ見ると……ネットで検索してほしい。「石岡瑛子　グレイス・ジョーンズ」で検索してほしいんだけど、そういう衣装なのよ。紙一重すぎるわけ。

でね、そのぐらいの（衣装の）パワーと、その人のかっこよさが合わさると、すげーってなるけど、たいていの人間は間違いなくボケとして笑いがくるなと思ったときに、**なんとなく、俺、「あれ？」って思い始めて。**「おやおや？」と思ったのは、自分の中で謎がちょっとずつ解けてきて。「なんか、解けそうだな……」と思って、その映像の前で10分ぐらい立っちゃって。

それがね、**本当にかっこいいものは、その人でしかかっこよく見えないから、かっこいいんじゃないか**っていう。わかる？　誰にでもかっこいいものは普通で、本当にかっこいいのは、その人でしかかっこよく見えないぐらい強烈なものだから、そのパワーでしか着こなせない衣装だから、かっこいいんだなって思ったの。やっとね、自分の中で解けたわけ。

でね、「これ、衣装のことだけじゃないな」って思ったときに、実はいろんなものがつながって。いまさら言うの恥ずかしいんだけど、実は俺、おもしろさがいまいちわかってなくてやってた仕事があって。

それって「マジ歌」なんだけど、その中でフットボールアワー後藤（輝基）さんのマジ歌（※5）ってあるじゃん？　あれ、めちゃくちゃおもしろいのね。で、みんなからおもしろいって言っていただくし、ライブでも圧倒的に盛り上がる、毎回爆発的にウケるんだけど。で、俺はそれをいっしょにつくってる。リハーサルも立ち会ってるし、演出とかカット割りもやってるんだけど、実はなんであんなにウケるのかわかってなくて。あれ、みんな「ダサい」って言うじゃん。ダサいんだけど、**「ホントにダサいのかな？」ってずっと思ってて。**みんながダサいって笑ってくれるから、「ダサい」っていうカテゴリーで演出してるんだけど。

あれさ、ぶっちゃけ、みんなわかってると思うけど、ブランキー・ジェット・シティ（※6）じゃない？　ある程度モチーフなのね。後藤さんも俺も大好きだし。だって俺、解散のときのフジロック行ってるし。後藤さんはリスペクトすごいから、徹底的にオマージュしてる曲もあるわけ。ブランキーにほど近い曲もあるのよ。なんだけど、**ブランキーはめちゃくちゃかっこいいじゃん。で、後藤さんはめちゃくちゃおもしろい。俺、ここの謎が解けてなくて、ずっと。**

一時期は後藤さんが滑稽だからおもしろいんだと思ってたんだけど、実はギターも上手いしさ、ちゃんとやってんだよ。でね、ずっと考えてたんだけど、「かっこよさがいきすぎるとおもしろいのかな」っていう結論を俺は1回出してたの。矢沢（永吉）とかさ、宝塚とか、かっこいいけどおもしろいじゃん。最初のころ、俺はインタビューでそういう説明してたの。だけど、矢沢のものまねってどんなに上手くても、すげーってなるし、笑えるけど、「おもしろい」じゃないんだよね。「マジ歌」的なおもしろさじゃないじゃん。宝塚のものまねとかもそうじゃん。「似てるね～」だけど、「マジ歌」的なおもしろさじゃないのよ。だから、ずっとごまかしながらインタビューに答えてて、実は謎が解けてなかったんだけど。

ブランキーがおもしろいのかな？　っていうのもあったけど、いや、おもしろくないよな、別にと。後藤さんが格別、何やってもおもしろいのかなと思っても、後藤さんはおもしろいんだけど、「ギター芸人」でいろんなところに出てるじゃん。でも、ギター芸人の後藤さんは、俺の中ではね、「マジ歌」ほどおもしろくないの。「これ、なんでなんだろう？」と思ってて、考えるのやめてたの。

だけど、それが石岡瑛子展でグレイス・ジョーンズの衣装とか見たときに、「**かっこよす**

ぎるものは、その人以外には似合わないぐらいだから、かっこいいんだ」と思って。だから、どっちかがダサいとか、どっちかがおもしろいとかじゃなくて、ブランキーは、ブランキー以外がやったらかっこわるいくらいかっこいいことをやってるんだっていう。

それをマジでリスペクトしてやってる後藤さんは、それに届こうとしてるけどパワーで負けてるし、正直、ブランキーのことをやる器ではないから、おもしれーんだっていう。**かっこよすぎるものは、その人以外の人がやるとかっこわるいんだ、だから、それをマジでやってるのがおもしろいんだ**っていう謎がやっと解けたの。解けたっていうか、いったんの結論を得たわけ。

俺の中ではめちゃくちゃ、「うわー！」と思って。やっとおもしろの謎が1コ解けて。「なんでこれずっとおもしろいんだろうな?」っていうふうに思ってたのよ。で、モチーフもパフォーマーもどっちもマジだからおもしろいんだ、っていうところに立ち返ったんだけど。

それで、ホカホカになって。「そういう番組つくりたいなぁ」「誰かに話したいなぁ」とか思ったら、ちょっと先に、ピースの又吉（直樹）くんがいたの。「**あ、又吉くんだ！**」「**又吉くんと話したい！**」と思ったんだけど、そんなに仲がいいわけじゃない。仕事はするけど。

でもこの気持ち、ホカホカだから誰かに伝えたいと思って、「又吉くんだ」と。

でも、みんなソーシャルディスタンス守ってるから近寄れないわけよ。急に近寄るわけにもいかない。だから、同じペースで歩きながら「又吉くん、物販とか行くなよ」「話したいんだよ、俺は」と思って。フッハッハ。物販のほうに寄ってくから、「違うだろ、もういいだろ、Tシャツとか買うんじゃないよ。たくさん持ってるだろ」と思いながら、ちょっとずつ近寄って。又吉くんね、またおしゃれな、中性的な格好してるんだよ。石岡瑛子展ってさ、みんな勝負服とかで来るのよ。デザイナーの展覧会って、バリバリのおしゃれ、パーティーみたいな格好でみんな来てるから。又吉くんはもともとおしゃれだけど。

又吉くんの後ろをついていきながら、「早く会場出ねーかな」と思ったら、けっこうウロウロしてんのよ。インスタ用の写真とか撮ってるのかわかんないけど。**「早く出ろよ、話したいんだよ！」**と思いながら、フフフ、くっついてって。

で、出てすぐ、「又吉くん」って呼んだんだけど、音楽聴いてるのかわかんないんだけど、全然聞こえなくて。たたくのも、いまはもうちょっとむずかしいじゃん。止め方がわかんなかったし、俺もちょっとホカホカになってたから、この気持ちが冷めないうちに話したいと思って、走って回り道して「わっ！」ってやったら、**ただのソバージュの中年の女性だっ**

たんだよね。フハハハハ〜！

その女性も「は？」って顔してんだけど、俺、そのときに「あなたじゃないよ」って顔して。もっと後ろの人を呼んだ感じで、「わ〜」って言って。その人が通り過ぎても「わ〜」って言ってて。その人にちょっと会釈されながら（笑）。

で、そのあとタクシー乗りながら思ったんだけど、**「でも、いまのも俺がマジだったからおもしろい」**っていう。フッハッハハハ。

（※1）印刷物の製版用の元原稿。ここでは色や印刷具合を確認するために出力した色校正紙を指している。デザイナーは色校正紙に印刷所への指示を書き込んで戻し、印刷物をブラッシュアップしていく。

（※2）『地獄の黙示録』、『ゴッドファーザー』などの作品で知られる、アメリカの映画監督。

（※3）カナダ発のエンターテインメント集団。サーカスをベースにしながらも、独創的な衣装や演出などによる独自のショーをつくり上げてきた。２０２０年、新型コロナウイルス感染症の影響を受け経営が破綻。復活の道を模索している。

（※4）ポップアートの巨匠として知られる、アメリカの芸術家。

（※5）サングラスにタンクトップ、四角いギターがトレードマーク。ギターをかき鳴らしながら、独自のワードセンスが発揮されたオリジナルソングを披露している。

（※6）日本のロック史に残る3ピースロックバンド。サウンド、歌詞、たたずまいなど、何から何までかっこよかった。２０００年に解散。

この日のプレイリスト

BUMP OF CHICKEN「Hello,world!」

ゲストトーク 特別収録
加地倫三

2019年5月29日放送

『ロンドンハーツ』、『アメトーーク！』など、お笑いに特化した人気バラエティを手がける、テレビ朝日のプロデューサー・加地倫三がゲスト出演した回を特別収録。テレビ東京のプロデューサーであった佐久間とは局の垣根を越えた親交があり、この日も飲み会でのエピソードや、テレビマンとしての歩み、アルコ＆ピース・平子祐希との因縁（？）など、多くの話題で盛り上がったが、そのほんの一部を抜粋。

加地倫三（かぢ・りんぞう）
1969年3月13日、神奈川県横浜市生まれ。上智大学を卒業後、1992年にテレビ朝日に入社。スポーツ局で『ワールドプロレスリング』などを担当したあと、1996年からバラエティ番組の制作に携わる。演出・エグゼクティブプロデューサーとして、『ロンドンハーツ』、『アメトーーク！』、『テレビ千鳥』などの番組を担当。2012年には、『たくらむ技術』（新潮新書）を出版。

出会いもきっちりエピソードトークに仕立てる佐久間

佐久間　加地さんとは、ちょくちょくお会いしてますよね。

加地　そう。最初は伊藤さん（※1）と。

佐久間　うちの伊藤プロデューサーが、「加地さんと1回ごはん食べたから、佐久間もいっしょに行こうよ」って、ごはん食べたんですよね。加地さん、覚えてます？　西麻布の店の、衝立で隠されてるようなテーブルで、僕の席の衝立越しのうしろに、テレビ局なのか、制作会社なのか、若いイケイケのディレクターがキャバクラ嬢みたいな人たちと合コンやってたの。

加地　ああ～。

佐久間　加地さん聞こえなかったかもしれないけど、「いや、マジ有吉（弘行）ってこういうヤツで～」とか、「（千原）ジュニアもけっこう頼ってくるかな～」とか、ほぼウソしゃべってて。「う～わ、こいつウソしゃべってるわ～」と思ったんだけど、その若いディレクターが席立ったのね。で、トイレ行って、戻ってきたところに俺と目が合ったら、「あれ？」って顔したあと、チラッて見て、「うわ、加地だ！」ってなってたの。で、伊藤さんもいたから、「加地と伊藤だ！」ってなって、座ってからお笑いの話いっさいやめたっていう（笑）。

加地　（拍手して）お見事、エピソードトークが。

佐久間　ちょっと待ってください、加地さん。演者として評価すんのやめてください！

加地　だってもう、さっき（オープニング）もそうだけど、時事ネタで、エピソードしゃべってオトすって、それができる局員、いまいないと思うよ。

佐久間　それができる局員はいないですよ。

加地　すごいよね！　普段見てる佐久間くんじゃないから、緊張しちゃってさ。声の大きさが違うから。

佐久間　そうですよね。だって、先輩としゃべんのに、（大声で）「いや、加地さん！」ってしゃべってたら頭おかしいヤツですから。

加地　だから、違和感しかない。

いまだにカンペを出し続けるふたり

佐久間　加地さんもときどき（オンエアに）映るじゃないですか。そのときに、プレビューっていう、後輩のディレクターとかがつないできた映像をチェックして「ここの部分いらねえな」とか言うときって、自分が映ってるとどういうスタンスとります？

加地　すごいイヤだ。だけど、「これはホントに出さないと伝わらないだろうな」っていうときは出す。ホントは映んないようにしたいとは思ってるんだけど。だって、悪いことしか言われないじゃん、出たって。たたかれたりとかさ。

佐久間　わかります。でも、僕はまあ、出たいっちゃ出たいところもあるんで。ラジオ出てるんで。おもしろかったら出たいんですよ。スベってたら出たくないけど。ただ、それを伝えるのも恥ずかしいから、「ここ切っちゃうと意味わかんなくなるよなぁ〜」って後輩に言います（笑）。

加地　出たいんだ？

佐久間　違う違う、おもしろいものに関わりたい。おもしろいもんだったら、いいなって思っちゃう。あと、あれですよね？　5年前の時点でよ、「この歳でカンペ出してんのは、佐久間と藤井と加地だけだ」って、有吉（弘行）さんに言われたことありましたよね。

加地　あの「藤井」っていうのは、うちの藤井なんだよね。

佐久間　あ、藤井健太郎くん（※2）じゃなかったんだ？

加地　うちの部長の藤井（※3）なのよ。『かりそめ』やってる。部長なのにまだカンペ書いてるよ。51よ、51。

佐久間　それ言われたときに藤井健太郎くんがいたから、僕そう思ってました。加地さん覚えてます？　「佐久間くん、ちょっとイヤなことがあったから、悪口言おうぜ」って、僕と藤井健太郎くん集めて。3人で飲み始めたの、広尾のちっちゃい店で。

加地　そうそう。

佐久間　で、加地さんが「いやこれね、今日はグチを聞いてくれ」って言って、俺たちも「聞きますよ」って言ったら、その店に（とんねるずの）木梨憲武さんが入ってきたの（笑）。すげーちっちゃい店だから、俺と加地さんも木梨さんに会ったことないし、どんなグチ言っても聞こえる距離だったから、ただ下向いてたっていうのがありましたよね。

加地　わざわざこっちに来てくれたんだよね。

佐久間　そうそう、加地さんの顔は知ってて、僕らのテーブルに木梨さんが来て「何？」って言ったら、加地さんが俺らのことを紹介してくれて。「後輩の他局のディレクターと飲んでるんですよ」って言ったら、木梨さんから「いいねぇ！」って言われちゃったから、俺たちこれから悪口言おうとしてるのに、全然言えなくて（笑）。木梨さんが出てったあとでしたっけ？

加地　出てったあとに、有吉呼んだの。

佐久間　そう、「これもう、悪口言えねえな。悪口言えるヤツ呼ぼうぜ」って有吉さんが来たの。で、4人で飲んだっていう。そのときにカンペの話したから、藤井健太郎くんのことだと思ったんだけど、よく考えたらそうですよね、あのころ藤井くん、30半ばぐらいでしたもんね。

「いけるな」という企画が生まれた瞬間

佐久間　こないだ劇団ひとりが来たときに、『ゴッドタン』の神回っていうか、自分で「この番組、いけんな」と思った収録はなんだみたいな話になって。僕らはやっぱ「キス我慢」だったりするんですけど、『アメトーーク！』とかって、どの回なんですか？

加地　いけるなっていうのは、やっぱり「メガネ芸人」じゃないかなぁ。

佐久間　あ、やっぱり？　くくり（共通点のある芸人を集める形）で一番初めにやったやつでしょ？　それまではゲストトークバラエティでしたもんね。

加地　その前に「不思議少女」っていって、千秋とこずえ鈴とゆうこりん（小倉優子）で、そんなトークしたときにちょっとおもしろくて。もうちょっとこのラインでいこうと思って、おぎやはぎとか（カンニング）竹山くんが出始めのころだったから、「あ、メガネかけた人たちがずらっと並んでたらおもしろいね」っていうので、「メガネ芸人」を始めたんだよね。

佐久間　そのとき矢作さんが「次、『メガネ芸人』なんだよ」つって不安がってて。

加地　そう、「（展開が）見えない」って言ってた、楽屋で。すっごい覚えてる。

佐久間　で、撮ったら、すげーおもしろかったみたいな話で。
加地　そう、ずーっとコントで。『ナイナイナ』(※4)がどっちかっていうとコント志向、ロケコントだったから、コントっぽいのが好きなんだよね。
佐久間　それから、くくりっていうのを入れていこうっていう話になったんですか？　それで全然番組変わりましたもんね。
加地　そうそう、変わった。それがやっぱね、やってて楽しかった。視聴率は悪かったんだけど。
佐久間　あ、そうなんですか？　でも、そうだよなぁ。僕らも最初、「マジ歌」ってすごい数字悪かったんですけど、楽しかったから続けたんですもん。
加地　楽しいのは、やっぱりいいんだよねぇ。

(※1)　『モヤモヤさまぁ～ず2』、『緊急SOS！池の水ぜんぶ抜く大作戦』などを手がける、テレビ東京の伊藤隆行プロデューサー。

(※2)　『水曜日のダウンタウン』などを手がける、TBSテレビの演出家、プロデューサー。

(※3)　藤井智久。『くりぃむナントカ』、『マツコ&有吉 かりそめ天国』などを立ち上げた、テレビ朝日コンテンツ編成局次長。

(※4)　1997年～1999年まで放送されたナインティナインによるバラエティで、加地がディレクターデビューした番組。

ゲストトーク特別収録 オークラ

2019年7月24日放送

『ゴッドタン』、『ピラメキーノ』、『ウレロ』シリーズ、『青春高校3年C組』など、数多くの番組で佐久間とタッグを組んできた放送作家のオークラがゲスト出演した回を特別収録。ふたりの出会い、佐久間が知るオークラのエピソード、昨今のお笑い芸人やバラエティについて、オークラの盟友ともいえるお笑い芸人たちのエピソードなど、お互いをよく知る間柄だからこそ次々と展開したトークの中から、ほんの一部を抜粋。

オークラ
1973年12月10日、群馬県富岡市生まれ。お笑い芸人として活動後、放送作家に転身。『とんねるずのみなさんのおかげでした』（フジテレビ系）などのテレビ番組や、『おぎやはぎのメガネびいき』（TBSラジオ）、『バナナマンのバナナムーンGOLD』（TBSラジオ）などのラジオ番組のほか、東京03をはじめお笑い芸人のライブにも数多く携わっている。また、ドラマや舞台の脚本も手がけ、『ドラゴン桜』第2シリーズ（TBS系）などを担当。

ずっと会っているふたり

佐久間　俺と初めて会ったのは、オークラさんがおぎやはぎの座付き作家（ブレーン）っていうことからだったんだよね？

オークラ　そうですね。おぎやはぎが『大人のコンソメ』（※1）をやってるときに。佐久間さんが演出デビューした番組ですよね。

佐久間　俺もまだ、おぎやはぎのことはそんなにくわしくないから、「ずっといっしょにやってた人」っていう感じでオークラさんが入ってきて。そこから意気投合して、ほぼずっといっしょにやってるよね。

オークラ　それが2005年くらい？　そこからずっと毎週1～4回くらい会ってますよね。

佐久間　会ってる。『ウレロ』をいっしょにやってるころは、週に5日くらい。

オークラ　こんな感じで毎週話してて。

佐久間　いまはさすがにないけど、5年前くらいまでは会議が始まる前の1時間くらい、『FLASH』とか『FRIDAY』を見ながら「くっそ、イケメンはやりたい放題だな～！」とか言ってから会議するっていう（笑）。

オークラ　ずっと誰かの悪口を言ってる（笑）。でも、いまはないって言いますけど、いまもありますからね。
佐久間　やってるね。
オークラ　オールナイトニッポンが始まってから、その傾向がすごくなってますよ。
佐久間　たしかに。
オークラ　『ゴッドタン』の会議が月曜日だから、佐久間さんが今週オールナイトニッポンで話すであろう話題を1回考えて、『ゴッドタン』の会議で試すんだよ。でも、まだまとまってないから長いの（笑）。
佐久間　やめろ！
オークラ　オールナイトニッポンで完成されて、『青春高校3年C組』でおさらいするんですよ。
佐久間　俺がオールナイトニッポンのトークを『ゴッドタン』の頭でたたいてるっていう話、バラさないでほしかった。
オークラ　オチの方向性がまだフワフワしてます（笑）。ラジオ聴いてると、「こういうふうにちゃんと固めてきたんだな」って。
佐久間　恥ずかしいけどね。まじめだから。

演出家による笑いの違い

オークラ　バラエティ番組っていろいろあるけど、演出家の特色はすごいあると思いますね。演出家がおもしろいと思うことって全然違うじゃないですか。佐久間さんと加地さんだってたぶん違うじゃないですか。だって、佐久間さんはブサイクな芸人をドッキリでだまして、ブサイクがいい女を好きになっちゃって「ドッキリでした！」とか、絶対やらないでしょ？

佐久間　やらない。あれはモテるヤツの笑いなんだよね！

オークラ　そう！　かっこいい人のお笑いなんだよね（笑）。佐久間さんとか、俺もそうなんですけど、セクシー女優を処女として扱ったりするじゃないですか。

佐久間　それは逆に『ロンハー』チームはやらない。藤井（健太郎）くんもやらない。

オークラ　童貞バラエティですからね（笑）。そういうふうに、人によって全然違うと思ってて。

佐久間　藤井くんは、オークラさんからすると10コくらい下だもんね。

オークラ　藤井くんは、やっぱりもっとクレイジーなんじゃないですか？

佐久間　あと、ストロングポイントが構成と編集にあるから、ロケでぶんまわすタイプじゃないんだよね。本質的に僕とか加地さんと全然違うんだよね。

オークラ　そうなんですよね。あの……。

佐久間　あ、マッコイさん？　マッコイさん（※2）はけっこう師匠に近いから。

オークラ　マッコイさんは田舎のヤンキーですよね。バカにしてるわけではなくて、ああいう人たちが楽しんでるノリってあるじゃないですか。俺、いまだに覚えてるんですけど、初めて『すれすれガレッジセール』（※3）の作家やったときに、（企画に登場する）外国人の仕込みを俺がやってたんですよ。こっちはもう若手の作家だから、「どんだけおもしろいフレーズを考えられるか」っていろいろ凝ったフレーズを書いてカンペを出したんですよ。けど、やっぱりそんなに現場でウケなくて。そしたら、マッコイさんが俺からカンペを取り上げて、ババババッと書いて出したんですよ。そこに書いてあったのが「バカ」（笑）。それで、外国人が「バカ」って言った瞬間にドカーンとウケて。「やっぱすげえなぁ」と思った。

佐久間　俺も、テレビ東京ってお笑い番組がまったくないから勉強したくて、マッコイさんの番組にADで入れてもらった時期が2か月くらいだけあるのよ。そのときにマッコイさんの会議見て、「こいつ、ひとりでずっとしゃべってんな」と思って（笑）。ひとりでしゃべってずっと笑ってんのよ。これでいいんだと思って。俺もそういうふうにするようにしたっていう。

オークラ　あの人はすごいですよね。そういう感じで、人によってものすごく変わると思います。

お笑いからイジリネタはなくなるか

佐久間　最近のかが屋とかの世代って、イジリのネタはなくなってきたよね。

オークラ　むずかしい問題ですよね、お笑いでイジリがなくなるか、なくならないか。

佐久間　イジリとイジメの境界線は本当にむずかしいからなぁ。『ゴッドタン』とかでも、昔、（女性タレントに）「おっぱい見せて」って言う企画があったんだけど、もうやらないわけよ。なんでかって言うと、「おっぱい見せて」って言うのは、見せてもらえない前提のもと、そこに至るまでのコントを見せるものだったんだけど、芸人さんがみんなMCクラスになっちゃったから、「おっぱい見せて」って言うのがもうパワハラだろっていうことだから、やらないとかね。でも、「キス我慢」はやろうと思えばできるんだよね。あれはそういうシチュエーションの中の企画だからね。たしかに、取捨選択してやれない企画はあるようになってきたよね。

オークラ　（芸人が）いろんなMCの番組を一巡するときって、最初にちょっとMCのおもちゃにならなきゃいけないんですよね。それって、ハネるっていうことじゃないですか。そこをイジリととるかどうかはありますよね。

佐久間　MCと絡むのをイジリと考えるかどうかだよね。

オークラ　多少イジリの面もありますけどね。これからの時代、いろいろ変わっていくんじゃないかなとは思いますけど。

佐久間　『ゴッドタン』のおぎやはぎとか劇団ひとりも、昔はもっとキツく言ったところを、やさしく言って（相手のポテンシャルを）引き出しながら、そいつのポンコツぶりも、イジるんじゃなくて向こうから踏み越えてくるように誘導するようになったのは、撮りながらわかるね。そっちのほうが気持ちよく笑えるんだろうなって。やっぱりあの人たち一流だから。

オークラ　少し（ゲストを）泳がせる時間が長くなってますよね。

佐久間　それでも何も見つからなくて、「これはカットだな」と思うこともあるんだけど（笑）。

（※1）　2003年～2004年放送。佐久間がおぎやはぎや劇団ひとりを初めて起用した番組。

（※2）　マッコイ斉藤。『極楽とんぼのとび蹴りゴッデス』（テレビ朝日系）、『とんねるずのみなさんのおかげでした』（フジテレビ系）など、多くのバラエティ番組を手がけるテレビディレクター。

（※3）　番組名をリニューアルしながら、1999年～2001年までTBSで放送されたガレッジセールによるバラエティ番組。

厳選フリートーク
珍キャラ編

僕、変わった人が好きなんですよね。気になる人がいたら自分から近づいていったり、心配な酔っぱらいがいたら話しかけたりしちゃうから、遭遇率も高いんだと思います。あと、なぜか人に好かれるケースもあって、こないだも、「あんたのメシの食い方が好きだから」って、浅草で何百年もやってるような老舗の料理屋さんがなぜか予約を融通してくれました。（佐久間）

出待ち

2019年6月5日放送

実は、先週のラジオのあとに1コ変わった話があって。ラジオ終わってね、ニッポン放送出たら、たまに出待ちする人もいたりするんだけど、その日もラジオリスナーっぽい大学生っぽい子がふたりいて。で、ぽっちゃりした40なかばぐらいのおばさんがいたの。

そのおばさんがグイグイくんのよ、すげえ。「あらあらあら、この子たちも写真撮りたいみたいなんだけど」って、出待ちのおばさんが急にグイグイきて。「ねえねえ大丈夫？佐久間さん、写真撮っても大丈夫？」って言われて。「私も写真撮ってほしいんだけど、まずは」って、リスナーっぽいヤツをバシャバシャ写真撮ってあげて。

「すごいおもしろいよ、あんたのラジオ」みたいなことを言いながら、「次、あたしと写真撮ってもいい？」ってすげーグイグイ仕切ってくんの。「なんだ、このおばさん？」と思いながら写真撮ってる途中ぐらいに、「いや〜、佐久間さんのラジオおもしろいわ。あたしね、ラジオでこうやって出待ちとか来んのね、有吉さん（※1）以来かもしれない」とか言って。ちょっと待ってくれよっていう。**『サンドリ』と俺のラジオだけ来るおばさん、なんなんだろうなと思って。**

で、写真撮ってる途中くらいから、「佐久間さんのラジオ毎週聴いてておもしろいんだけど、娘にも『おもしろいから、これ聴きなさい』って言ったら、**『私、この人の笑い方気持ち悪い』**って言って、聴いてくれないのよ〜」って言われて。もうすげーしゃべんの。「ウソだろ!?　このおばさん、すげーグイグイくるんだけど」って思って。

写真撮り終わって、なんか差し入れみたいなの渡されて、「あんたのラジオ、ホントおもしろいね。娘も聴いてくれないかな〜」とかって言うから、「そうですねぇ。娘さん、おいくつくらいなんですか？」って軽い気持ちで聞いたら、20歳過ぎたぐらいとか、そんなこと言ってて。「え、何やってる人なんですか？」って聞いたら、**「タレントやってんのよ」**って。「え、タレント？」と思って。まあまあまあ、よく考えたら「秘密のオト女」のゴリな（※2）だってタレントだから。フフフ。「まあ、タレントってたくさんいますからね〜」っていう軽い気持ちで。でも、聞かないのも失礼だから、知らなかったらどうしようと思いながら、「え、誰なんですか？」って聞いたら、**「うちの娘？　藤田ニコルっていうのよ」**って。フッハハハハ〜！　は⁉　「え、え？」って聞いたら、「ああ、あたし、藤田ニコルの母です」って言われて。「ウソだろ⁉」と思って。いま、朝の5時だよ。**朝の5時に、藤田ニコルの母ちゃんが出待ちに来るってどういうことなんだって思ったのよ。**

よく見たら似てんのよ、目元とか。たしかに、かわいい目元してらっしゃってて。「あ、これは美人だったんだな」って。まあ、いまもかわいいお顔されてるんだけど。「え、ホントですか？」って言ったの。そしたら、そのときにいたリスナーとも話してたんだろうね、そのリスナーが「ホントにこの人、ニコルさんのお母さんです」って言ってて。「おまえ、なんなんだよ」って思いながら。フハハ。ラジオすごい聴いてて、有吉さんのとかも聴いてるし、僕のラジオもちゃんと聴いてて、で、出待ちしたくなったんだろうね。**ってことはだよ、俺の声が気持ち悪いから聴かねえの、藤田ニコル。**フハハハハッ！　若者のインフルエンサーには俺の声、気持ち悪いかぁ〜。すげー最後に傷つけられて。

で、タクシー乗ったあと、「あ、これ加地さんも出たから（※3）、加地さん気づいたかな？」と思ってLINE送ったら、加地さんから「え⁉　俺も写真撮ったよ、そのおばさんと」って。

そのときは藤田ニコルの母だって言わなかったんだって。**だから、加地さんは普通のぽっちゃりしたおばさんにグイグイ写真撮られただけっていう。**で、俺はあんまり仕事したことないけど、『ロンハー』（※4）に藤田ニコルよく出てるから、確認したんだって。そしたら、「本当にママです」って言ってたから、本物なんだよ。

翌日ぐらいに、そのお母さんがツイッターに俺と加地さんの写真上げてるっていうから、「あ、そうなんだ」と思って調べたの。検索したら出てきたんだけど、そのアカウント名が「**糞BBA☺nicoママ☺**」っていう。フハハハハ～。どういうことなんだよ。だから、「糞BBA☺nicoママ☺」で検索すると、キョトンとした顔で写真撮ってる僕と加地さんの写真が出てくるんですけど。

それでね、そこまででもちょっと変わった話なんだけど、差し入れもらったじゃん。家帰って、娘の弁当つくるからキッチン行ったときに、「そういえば、差し入れなんだったんだろう？」と思って開けたら、リスナーの男の子からはふりかけとか、超使えるやつ。「うわ、わかってるわ～」と思って。で、ニコルのママからもらった紙袋開けたら、ボクサーパンツだった。いや、ちょっと意味わかんねえんだけど。**スケスケのボクサーパンツがふたつ入ってて**

て。ちょっとさ、どういうことなの？　ひとり暮らしの大学生に差し入れしてんじゃねーんだから！　なんでボクサーパンツなんだよっていう話なんですけど。だから、近いうちにゲストで来ますっていうのと、**あと、いまはいてます。**フハハハハ。


（※1）ＪＦＮ系列で放送されている『有吉弘行のSUNDAY NIGHT DREAMER』。通称「サンドリ」。

（※2）「秘密のオト女」は、当時スターダスト所属のトランスジェンダーアイドルユニット。メンバーのゴリなは、佐久間の学生時代からの親友・カズの弟だった。番組で楽曲を紹介しようとしたが、手売りでしか販売されておらず断念。（２０１９年５月８日の放送より）

（※3）２０１９年５月30日の放送に、テレビ朝日プロデューサーの加地倫三がゲスト出演していた。

（※4）テレビ朝日系のバラエティ番組『ロンドンハーツ』。

この日のプレイリスト　竹澤汀「yesterdays」
この日のおすすめグルメ　ステーキてっぺい×六本木Buff「ハラミステーキ」（六本木）

ラジオな寿司屋

2019年6月26日放送

らっしゃい!!

お寿司屋さんの話なんですけど、ちょっと郊外に安くてうまいお寿司屋さんがあるんですよ。仲のいい作家さんとふたりでたまに行くんですけど、何より大将が話好きで、すごいいい人で。その大将がね、最近、俺に言ったことがあって。ずっと我慢してたんだって。「**俺、すげーラジオマニアなんだよ**」って言いだしてさ。最初は隠してたんだけど我慢しきれなくなって、こないだカミングアウトされたのね。そのときは2月のなかばぐらいで、「ラジオ好きなんですよ～、佐久間さん、テレビの人でしょ？　ラジオおもしろいんだよ～」って言われたんだけど、俺、オールナイトニッポン0が始まるか始まらないかぐらいのときだったから、言えなかったの。それでまあ、3か月に1回ぐらいしか行かないから、こないだ5月の末ぐらいに行ったんですよ。

で、ガラッとドア開けた瞬間に**「佐久間さん、ず〜っと待ってたよ〜」**って言われて。フッハハハハ〜！　「あのとき言わなかったもんね〜。さ、ラジオの話しましょうか」って。

いやいやいやいや、寿司にぎってくれよ！

「あのねぇ、4月改編の話したかったんだよ〜」って言われて。いいから、寿司にぎってくれよっていうところなんだけど、聞けば聞くほどラジオマニアで。昼はTBS、伊集院さん（※1）とか、ジェーン・スー（※2）、『たまむすび』（※3）聴いてて、夕方からニッポン放送をバーって聴いてて。で、夜はオールナイトとJUNKを選びながら聴いてるって言うのよ。「全部聴いてるんですよ」って。

まずは「佐久間さん、何飲みますか？」って聞かれて、「じゃあ、ビールで」って。それで、「ビールね」ってビール出てくるまでの間に話されたのが、**『荒川強啓（きょうけい）デイ・キャッチ！』**（※4）**が終わったことに対する怒り。**フハハハッ！　「ああいうニュースをちゃんとやる番組がなきゃダメなんだよ、佐久間さん」と。「いや、マジであああいうのがなくなっちゃうと、こっちは作業しながらラジオ聴いて、お客さんと話すネタとか決めてるのに、なんで終わっちゃったのかな〜。『ACTION』（※5）？　DJ松永？　けっこうしゃべれるけど〜」とかって言ってさ。フハハッ！　**いいから、ビール出してくれよ！**

で、ビール出してくれたら、俺のラジオの話が始まったの。そのころって、5月の末だから「伊集院さん、来るかも？」（※6）ぐらいの感じだったんだけど、大将が刺身切りながら「佐久間さん、あれ、伊集院さん来るかわかんないみたいなこと言ってたけど、**伊集院はね、来るよ**」っって。フッハッハハハ～！「あのね、伊集院はね、そういう守れない約束しないタイプなんだよ」って。「あの人ね、超くだらない、おっきな人とはケンカするけど、ADとかリスナーとか、そういう人との約束は守るんだよ。そういう人」って言われて、「はい、コハダです」って。フハハハハッ！　**いやもうだから、テンポが遅くなってるよ！**

店はカウンター7席ぐらいなんだけど、ほぼ俺に語りかけてんの。「ほかの常連、怒っちゃうかな？」くらいの感じで、どんどん声も大きくなるわけ、にぎりながら。で、「佐久間さん、けっこうしゃべりうまいよな～。佐久間さん、あれじゃない？『たまむすび』の木曜の代打（※7）もやれるんじゃない？」って言い始めて。「いま木曜ね、代打で順繰りやってるから。赤江（珠緒）さんともさ、もともとテレビ局員同士だし、気が合うな～と思って」。「いやいや、そんなことないですよ～」って言ったら、急にマグロかなんかにぎりながら上を見始めて、「いやね、佐久間さん、たまむすびリスナーって……なんであれ代打でやってるか知ってる？　**俺たちみんな瀧**（たき）**さん待ってんの**」って。フハハハハハ～！「だから、あくまで代打なんだよね

〜」って、軽く涙ぐんでんだよ。**マグロ出せよって！**

もうずっとそんな調子なのよ。ずっとしゃべりたかったんだろうね。それでテンポ遅くなって、いろんな人たち無視して俺にしゃべってるから、「ほかのお客さんに悪いな〜」と思ったら、ふたつ隣ぐらいの日本酒飲んでたおじさんが「ちょっといいかい？」って言ったの。

「あ、怒ってんのかな？」と思ったら、そのおじさん、俺のほうも見ないでまっすぐ前を見たまま日本酒飲みながら、**「俺は三宅裕司の『ヤンパラ』聴いてた**(※8)」って。フハハハッ！　そしたら、その1コ隣のおじさんも、「俺は岸谷五朗の『パックインミュージック』派だった(※9)」って言い始めて。もうひとりは「俺、とんねるずのオールナイトすげー好きだった」って言い始めて。**カウンター、ラジオリスナーしかいねえの。**大将がラジオマニアだから、ちょうど集まってんのよ、同世代の40から50手前の人たちが。ただのオフ会。「佐久間さんの話、興味深く聞いてたよ」ってなって、普通に盛り上がっちゃって。

で、ワ〜って盛り上がって、40前後のサラリーマンたちで酒飲みながらラジオの話してて、「うわ、これは楽しいな」と思ったら、ひとりだけ一番最年長っぽい、ヒゲ生えた50歳ぐらいのおじさんが黙ってるわけ。「そりゃそうだよな、この人だけちょっと世代が上っぽいし、盛り上がっちゃったからしょうがないけど、この人には悪いことしたな～」と思ってたら、急にその最年長のおじさんが、俺の隣に座ってたんだけど、「佐久間さん、僕はまいちゅんのラジオ聴いてます」って言うわけ。「まいちゅん!?」と思ったら、「**佐久間さん、今度まいちゅんに会ったら、『水泥棒』って言ってください。フフフフフ～**」って笑ったの。「まいちゅん?」「水泥棒?」……あ、新内眞衣さんのリスナーなのねって（※10）。一番年上の50のチョビヒゲのおじさんが、新内眞衣のヘビーリスナーだったのよ。

「水泥棒」ってあれだよね、ニッポン放送系列の会社で働いてたときに、お金がないからウォーターサーバーの水を溜めてたから「水泥棒」って言われたって話でしょ？ 超ヘビーリスナーなの。初期から聴いてるヘビーリスナーなのよ。で、「なんだ、この寿司屋?」って思いながら、おじさんに「そうなんですか、新内さんのファンなんですか?」って言ったら、「**あ、僕はね、一番ファンなのは与田（祐希）ちゃんです**」って言われて。**知らねーよ!**

っていう寿司屋の予約を再来週とってるので、楽しみです。伊集院さんの話されるんだろうな～。

（※１）ＴＢＳラジオ『伊集院光とらじおと』。

（※２）ＴＢＳラジオ『ジェーン・スー 生活は踊る』。

（※３）赤江珠緒（月～木曜日）、外山惠理（金曜日）がパーソナリティを務める、ＴＢＳラジオのお昼の帯番組。

（※４）１９９５年～２０１９年まで放送されていた、ＴＢＳラジオの夕方の帯番組。

（※５）『荒川強啓デイ・キャッチ！』を後継した、ＴＢＳラジオの夕方の帯番組（２０２０年９月まで）。曜日替わりのパーソナリティのひとりが、ヒップホップユニット、Creepy NutsのＤＪであるＤＪ松永だった。

（※６）当時、佐久間は『伊集院光とらじおと』にゲスト出演し、伊集院光から「佐久間さんのオールナイトニッポンに行きますよ」と告げられていた。その後、本当に伊集院のゲスト出演が実現する。

（※７）２０１９年、ピエール瀧が諸事情により番組の木曜パートナーを降板。土屋礼央が後任を務めるまで、ゲストパートナー制となっていた。

（※８）ニッポン放送『三宅裕司のヤングパラダイス』（１９８４～１９９０）。

（※９）岸谷五朗は『パックインミュージック』（１９６７～１９８２）のパーソナリティではない。90年代に復活した『パックインミュージック21』の週替わりパーソナリティを一度務めたことはある。なお、岸谷の代表的なラジオ番組といえば、ＴＢＳラジオ『岸谷五朗の東京RADIO CLUB』（１９９０～１９９４）。

（※10）乃木坂46の新内眞衣は、ニッポン放送『乃木坂46のオールナイトニッポン』のメインパーソナリティを務めている。

この日のプレイリスト

青春高校3年C組アイドル部「青春のスピード」

この日のおすすめグルメ

切麦や 甚六「親子天ぶっかけうどん」（新宿御苑前）

ラジオ好きの寿司屋にまた行った

2019年7月17日放送

3週間前ぐらいに、ラジオでお寿司屋さんの話したと思うんだよ。ラジオマニアの寿司屋で、客もけっこうラジオマニアが集まる。店主がとにかくラジオ聴いてて、にぎりが遅いっていう。にぎりながらラジオの話しちゃうっていうところに久しぶりに行ったんですよ、今週。

2か月ぶりに行ったら、ま〜この2か月間、俺のラジオ聴いてたんだろうね、ガラッと開けた瞬間、直立不動で立ってて、「**船長、おかえりなさい！**」って言われた。フハハハハ〜！いや、もう違うと。これはリスナーの悪いところ出てるぞと。ほかのお客さんいるから。ラジオのノリを外に持ち出すってご法度じゃん。それをやり始めてんのよ。

「最初、何にします？」つって。「じゃあ、ビールで」って。そしたら、ビールを注いでくれて、

「佐久間さん、乾杯しますか?」って。「え? いやいやいや、乾杯って何?」「**こないだタイトルコール、間違えたでしょ? 1部昇格おめでとうございます!**」って。俺が「オールナイトニッポン〝ゼロ〟」って言い忘れたやつを覚えてて、それをイジってくるんだけど、もうキョトンだからね、こっちは。「こいつ聴きこんでんな〜」って。

とにかく俺のラジオ全部聴いてて、にぎりながらね、「佐久間さん、クルーにちょっとイジられすぎじゃないですか?」って。**おめーだよっ!** 「でも、まあクルーといえば、俺もクルーだからなぁ。ていうか、俺はもう専門のシェフだから、『ワンピース』で言えば、サンジ（※1）みたいなもんですよね? ……中トロです」って出すんだけど、もうジジイなのよ。全然若くないわけ。50超えてんのよ。「そんなサンジいねーよ」と思いながら、**1にぎり2ラジオのペースでしゃべるわけ。**

中盤あたりには、「佐久間さん、次はいよいよ、あれ出しますよ」って言うから、「何出すのかな?」と思ったら、「アニサキス入りのサバ」って。俺が人間ドックでアニサキスを取ってもらったっていう話を覚えてて、それをギャグにしてんだけど、それはもう寿司屋のギャグとしてはダメじゃん。フハハハハッ。もうフリートークをくまなく聴きすぎてんのよ。「ウソウソ。とり貝です」って出すんだけど、「このリスナー、めんどくせーなぁ」と思い始めて。もう目の前で総集編が繰り広げられてんのよ。**俺は仕事のことを忘れたくて寿司屋に来てんのに、なんで俺のフリートークの総集編を目の前で見せられてんだ**っていう状態になってんのね。

で、オークラさんの話になって、いっしょに行った人と。「佐久間さん、今度オークラさん出るってホントですか？　オークラさんが言ってました」って。「そうなのよ、オークラさん来て、こういう話してもらおうと思って」って言ったら、ちょっと遠くからほかのお客さんに寿司出してんのに、「**3人目のバナナマンことオークラね**」つって。「イジられてるけど、本当はけっこうすごいオークラね」つって。フジモン（FUJIWARA藤本敏史）のガヤなのよ、もう。フハハハハ。遠くからやるフジモンのガヤなのよ。「うわ〜……」と思って、「今日すごいよね？」みたいなこと言ったら、いっしょに俺と寿司屋に来た、常連客の中のひとりが、「いや、佐久間さん、こないだ俺ひとりで来たときのほうが、もっとひどかったですよ」って。「え、何が？」って聞いたら、この大将が、来る客来る客、特にちょっとお笑いとか、『ゴッドタン』とか知ってそうな客見つけると、「**佐久間のラジオは聴いたのか？」って言うんだって**。俺がいなくても。「佐久間さんのラジオおもしろいぞ」と。聴いたことないですよって言ったら、「radikoっていうので聴けるから、いますぐスマホ出しなさい」と。**「radikoダウンロードしなさい」って言って、ダウンロードしないとにぎらないんだって。**フハハハ〜！　「この人、無理やり若い夫婦にradikoダウンロードさせてましたよ」って常連客のチクリがあったわけ。

もういよいよだなと思って。クルーっていうか、**狂信的なクルーすぎて『ワンピース』じゃないのよ、『マッドマックス』なのよ。**イモータン・ジョー（※2）なのよ、俺が。もうこえーなと思って。

大将の顔を見るのがちょっと怖くなってきて、食べながらパッて顔上げたら、キラキラした顔で俺の目の前にいて。「いや〜、俺、船長が1部に上がるまでにぎり続けないとな〜」って言うんだけど、ヤベーなと思って。もうこれは「今日は早々に帰ろう」と思って。

でも、お寿司はすごいうまいから、「うまかったな〜」と思って、「ごちそうさまでした」って言ったら、バババババって走ってきて、バッサバサのノートをパッと出して、**「いや、次の予約！」**つって。もう『ペット・セメタリー』（※3）なのよ。ホラーになってきてて。「逃がさないよ」って感じで「予約ぅ〜」って言うから、「わかりましたよ」って。「次、時間が空くのが8月か、9月かなぁ。いつとれますか?」って言ったら、バーって見て、「**そうっすねぇ、3か月待ちですね。10月なら**」って言ってさ。超人気店だったっていう。フハハハハ!

めちゃくちゃな人気店だったんだよ。めちゃくちゃな人気店でね、そんな狂信的なことやっちゃダメよ。

(※1) 漫画『ワンピース』のメインキャラクターのひとりで、海賊「麦わらの一味」のコック。

(※2) 映画『マッドマックス 怒りのデス・ロード』に登場するイモータン・ジョーは、物語の舞台である荒野を支配する暴君で、そのカルト的な思想に心酔する若者たち、ウォーボーイズを従えている。

(※3) モダンホラーの帝王、スティーヴン・キングによるホラー小説。たびたび映画化もされている。

この日のプレイリスト くるり「everybody feels the same」

この日のおすすめグルメ 四季僾坊(しきぼうほう)「四川風冷やし中華」(新橋)

免許失効

2020年1月8日放送

年末年始に事件がありまして……**免許を失効しまして。** 11月23日が誕生日で、（更新期間が）前後1か月で、12月23日までなんですけど、『ウレロ』（※1）の生放送があって。その前後も年末年始特番つくってたんだけど、どうやらマンションで紛れて、免許の更新のはがきが届いてなかったっぽいの。届いてたらさすがに気づくけど。

俺、ゴールド免許で、ほとんど車に乗らないから、更新したのが5年前で、そんな感覚もないまま忘れてて。で、年末の年末に奥さんに頼まれて住民票取りに区役所に行って、身分証で免許証出したら、「**はい、失効してま〜す**」って言われて、「え〜!?」と思って。「2日前に失効してます」と。あんなさ、クソバカがやるもんだと思ってたんだよ、失効なんて。「うわ〜……」と思って、ショックでさ。

家に帰って調べたら、俺はゴールド免許だったから、不慮の失効の場合は半年以内だったら大丈夫よっていうのがあったから、年明け、今週の頭、朝8時半にまず区役所行って住民票出して。で、それを持って免許試験場に行ってさ、「失効」のところに並ぶわけよ。

けっこうちゃんとしたおじさんが受付してくれて、「どうなんですか?」つって。失効の場合って理由が必要なのね。ま、海外旅行行ってたとか、病気だったとか。その一番下に「特にない」っていうのがあるのよ。で、俺、「特にない」にメモして出したら、「特にないんですか? なるほど、ミスですか?」「**年末特番やりすぎなんじゃないですか?**」って言われて。番組観てる、なんだったらリスナーなのよ。フハハハハッ。「恥ずかしい〜っ」と思って。「そうなんですよ。すいません、ホントにただのミスで」つって。「わかりました。じゃあ、講習は1時間のやつで大丈夫です」って。軽い違反、駐車違反ぐらいの人がやる一般講習1時間のやつを受ければ大丈夫ですと。

で、視力検査で「上、下」とかやってたら、視力検査やってる30歳前後のヤツに「**これ、失効、年末特番忙しかったたんですか?**」って言われて。視力検査してるヤツもリスナーでさ。**免許試験場にすげーいるんだよ、リスナーが**。運転しながらラジオ聴くからさ。「恥ずかしい〜っ」と思いながら、1時間の講習のところに入ったのね。

一般講習に行ったら、50席くらいあって、そこにガッツリ荷物とか置いてあって、みんなぎゅうぎゅうなのよ。一番後ろの席が空いてたから、そこに荷物置いてトイレ行って。みんなそんな感じで、5分前とかになったから、教室に入っていって。俺も座ったんだけど。

そしたら、教官が入ってきたの。「教官」っていうのが正しいのかわからないけど。白髪のさ、ガタイのいいさ、たぶん元警察官かなっていうような、怖そうな人が入ってきたのよ。で、「みなさん、いますか？」って言うんだけど、俺の左隣だけ、パソコンとダウンジャケットが置いてあって、いなかったの。でも、そこがたまたま見えにくい席だったから、そのまま教官が始めて。「ここの人、来ないけど大丈夫かな？」と思ってたら、ちょっとしたら遅れてひとり入ってきたの。「あ〜、はいはい、この人か」と。その人が「何やってんですか？　あそこの席ですか？　席ありますか？」って怒られてるから、パッと見たら、席がないのね。その人、荷物持ってコート着てたから、ってことは違う。隣にはパソコンとコート置いてあるけど。教官もそれ見て、「席あるけど、違うな。みんな詰めてください」って言って。で、ぎゅうぎゅう詰めにもう1コ詰められて、もうひと席出して、その遅れてきた人がそこに座ったの。

で、講習始まったら、俺の左の空席のさらに左隣のヤツが、**仕事できるIT戦士みたいな30代のサラリーマンが、授業始まってんのにチラチラLINEのやり**

とりとかしてんのよ。 仕事のやりとりしてるみたいな感じで、「うわ、態度悪いな〜」って思ってたんだけど、月曜の朝8時だから、仕事始めじゃん。「それで忙しいのもわかるけど、たった1時間の講習よ？」と思って見てたの。

そのまま普通に授業聞いてたら、カタカタって音がして。「あれ？」と思って見たら、**俺の隣の空いてる席のパソコンを、1コ隣のIT戦士がこっそり開けてカタカタって作業してたの。そいつのパソコンだったのよ。** なんか重いデータをダウンロードしてるのよ。フハハハハ。まあ、気持ちはわかるけどね、仕事始めだから。でも、ダウンロードして知らないふりしてるの。「うわ、おまえさ、さっき人が来て、その席がないってみんな詰めて1コ席出したときに、おまえ聞いてたじゃん」っていう。そこ知らないふりして。パソコンどかせばいいだけだったじゃん。それを素知らぬふりしたまま、データダウンロードしてるのよ。徐々にムカついてきて、「これは俺、注意したほうがいいかな？」と思って。でも、普通に授業始まってるから、まあまあもういいや、しょうがないと。

授業終わったらなんか言おうかな、くらいの感じでいたら、**今度パッて見たら、寝てんのよ。**「うわ、寝てる！」と思って。で、パソコン置いてある席を俺が素知らぬ感じでガンってやって、そいつがパタって起きるみたいなのがあって。「あ、起きた、起きた。ちゃんと聞いたほうがいいよ、これ」と思って。免許の更新大事だからね。人命かかってるんだから、と思って見てたら、またうす～いいびきみたいなの聞こえて、「うわっ！」と思って。

たしかに、たくさんデータ落としたりして大変な仕事なのかもしれないけど、またガンってやって。バタッと起きて、みたいな感じで。で、前を見たら、**教官がめちゃくちゃ俺をにらんでるのよ**。フハハハハ。「**違う違う違う！　違うのよ～！**」と思ったんだけど、そのＩＴ戦士の前に１８０センチ超えの大男がいて、そいつは隠されてて、俺の前は小柄な女性だから、俺だけバタバタはしゃいでる感じになってって。教官が説明をしながら、俺のことをギンギンににらんでんの。しょうがないからさ、小声で「ち～が～う～！　ひ～だ～り～！」みたいなのやってんだけど、教官からは見えないから。もうMr.ビーンよ（※２）。動きでなんとかしようっていう感じでやるんだけど、どんどんにらんでくるのよ。「あいつ、おちょけてんな」みたいになって。で、隣のヤツは寝てるしさ。

「これは割に合わねーな」と思ったから、ちゃんと指差したんだけど、教官は完全に俺にムカついた感じで、ツカツカツカって近づいてきたの。その途中ぐらいで気づいたのかな、ＩＴ戦士の机をバーンって叩いたのね。「**命かかってんだぞ！　寝るなら出てけ！**」って。

そしたらそいつが「いや、すいません。やります」って。**「うわ、ざま〜! 教官、ありがとう〜」**って思ってたら、教官がツカツカって戻っていったの。

そのとき、俺、言おうと思ったの、教官に「このパソコンも、こいつのなんですよ!」って。だけど、ここで告げ口するわけにもいかないから、しょうがない、1回怒られてくれたからと思ったら、その教官がガラッと振り返って、**「もしかしてそのパソコン、おまえのだろぉぉ!!」**って。「うわ〜! 教官気づいた!」と思ったら、そいつが「僕のです」って。教官が「そこに置いてあるから、ひとり座れなかったんじゃないの? なんで?」って聞いたら、そのIT戦士が「あの〜、開いとかなきゃいけなくて。ダウンロードが必要で」って言って。教官がもうブチキレてるから「は?」つったら、「いや、なんでもないです。片づけます」って片づけて。

で、教官が戻って授業始めたのよ。もう俺は、「教官、ありがとう〜!」って思いながら見てたら、そのIT戦士ね、プライド高かったんだろうね、**「俺、別にヘコんでませんけど?」**みたいな。わかるでしょ? 「気にしてないですけど?」みたいな。そこからのそいつ、「授業寝てたら怒られるから寝ませんけど、興味ないっすから」みたいな。**誰へのアピールかわ**

かんないけど、俺にしか見えないくらいでちっちゃいあくびするのよ。フハハハハ。教官に見られたら怒られちゃうから、大男の陰でちっちゃいあくびしてんのよ、「あー、つまんね」みたいな。それ、俺にしか見えないから。

それを「誰のためにやってんだろうな？」って思ってるうちに、だんだんこいつがかわいくなってきちゃったのよ。「わかるわ～」っていう。みんなあるじゃん？　学校でさ、教師にひとりだけめちゃくちゃ怒られたときに、「全然傷ついてませんけど？」っていう。「俺も高校のとき、そういう態度したな～」と思って。

だから、途中からそいつを応援し始めちゃって。「わかる」と。**「でも俺にしか見えないそのパフォーマンスやめろ」**って。スマホをチラっと見たり、バレないようにパソコンさわったり。フハハハハ。それでイキってる友だちを諌めるつもりで見てたら、30分ぐらいして授業も終わったの。

で、最後、教官がさ、廊下側の席から「講習受けました。合格」っていうハンコを押していったの。1列目押しました、2列目押しました、3列目押しました、4列目が俺ね、4列目押しました。で、5列目、空席。空席見てちょっと教官が舌打ちしたりがありながら、6列目ついに、そのＩＴ戦士の列よ。

みんなもう知ってるから、「あんなに怒られたのにどうすんだ?」みたいな感じになって。そしたら、3席前ぐらいに教官がいるあたりで、**そいつが急に下向き始めて**。なんか、教官が来てるのに気づいてない感じの。わかる? たぶんね、俺が想像するそいつのプランは、教官が来たら顔上げて、「あ、ああ、来てたんすか、すいません」みたいな。「別にハンコ押してもらわなくてもいいけど、押してもらいます」みたいな感じを出そうと思ったんだろうね、下向いたのよ。

で、俺が「いや、おまえそれは悪手よ。素直にもらえばいいのに、なんで下向いて、こんなに教官近づいてるのに気づいてないふりすんのよ!」「おまえ、それ大丈夫か〜?」って思った瞬間、**机がバーン! って叩かれて、「また寝てただろぉぉ!!」**つって。「君、これで寝るってないよ。ハンコ押さない。このあともう1回授業受けてもらうから。こんなのないよ。君、残って」って。そいつが「違う違う違う!」って言いながら、俺も「違う違う、こいつ、かましてただけ。こいつ、イキってただけなのよ〜!」って思ったんだけど、教官はもうダメ。「君はもうダメ。君はもう、このあとも授業受けてもらう。今日なんだったら、1日つぶしてもいいくらい。ホントダメだよ」とかって言ってて。で、「みんな、解散〜」。

だから俺、今年の目標できたの。「**イキらない**」っていう。新年早々、ホント教訓になったよ。

（※1） 2011年から始まったドラマ「ウレロ」シリーズは、佐久間が監督を務めるシチュエーションコメディ。このとき放送された『ウレロ☆未開拓少女』の最終回は生放送だった。

（※2） ローワン・アトキンソンが演じる、イギリスのコメディシリーズ『Mr.ビーン』のキャラクター。コミカルな表情と動きが特徴。

この日のプレイリスト

チャットモンチー「謹賀新年」

この日のおすすめグルメ

銀座さとう「丸メンチカツバーガー」（銀座）

浜松町のカフェ

2020年4月22日放送

3月の上旬ぐらいの話なんですけど、まだここまで（コロナで）自粛になるってわかんないころ。マスクつけて気にはしてて、普通に仕事はできてたんだけど、期首期末なのもあってけっこう仕事でバタバタしてて、編集室から別の打ち合わせに向かおうと思ったのね。

そしたら、急きょ連絡があって、「ちょっと画像データを確認してください」って。DVDのジャケットだったんだけど、会社戻る時間ないから、Wi-Fiの入るカフェに行こうと。で、14時ぐらいにカフェに入って画像データ見てたら、イメージと全然違って。「これは集中して、直しを送らないとダメだな。時間ないけどめんどくさいからやるか」と思ったら、隣のほうから「**いや〜もう、ないないないないない**」「**そうですよね〜。ムカつきますよね〜**」っていう女性ふたりの声、けっこうけたたましい声が聞こえてきて。

1コ飛ばして隣の席に、若い女性ふたりが座ってたんですよ。だいたい30前後のOLさんみたいなふたりが。先輩後輩なのかな、それがもう、超盛り上がってってうるさくて。座った瞬間からけっこうでかい声でしゃべってるから、休憩なのかなって。「うわ〜、よりによって……まあでも、作業、作業。集中しないと」「でも、根本から違うから、俺がもう一回デザインを描き直して送らなきゃダメかな？」っていう感じだったときに、また隣の席でね、「あ〜、もうヤだあの会社〜」って先輩っぽい女性が言って、後輩が「いや、私もですけどね」って。「このまま戻るのやめようか〜」「そんなわけにもいかないでしょ〜」みたいな会話してて。だいぶ遅い昼休みの時間で、隣でこのテンションのトークが続くと、集中して作業できないなと思って。

だから、音楽聴こうと思って、イヤホンしようとした瞬間に、隣から「**はぁ？　腕、食いちぎってやるよ！**」って聞こえたの。「え、どういうこと？」と思って。「腕、食いちぎってやるよ」って、若い後輩のほうが確実に言ったの。ＯＬっぽい人が、けっこうな剣幕で。で、イヤホン戻して。集中しなきゃいけないんだけど、隣のパンチラインが強すぎて、どういうことなのかだけは聞きたいなと思ったの。全然話が見えないから。「**休憩時間に『腕食いちぎる』ってどういうこと？」と思って**。フハハハハッ。

「料理の話？」と思ったんだけど、まだ注文もしてないの。アニメかなんかで腕食いちぎるのあるかな、『東京喰種 トーキョーグール』(※1) とかの話かなと思ったんだけど、聞いてるとそんな感じでもないし。「腕、食いちぎってやるってばよ」とか『NARUTO』(※2) で言わないじゃん。そんなアニメもねえと思って。「腕、食いちぎる男に俺はなる！」とか言わないでしょ？俺の思う「腕、食いちぎる」って、『流れ星 銀』(※3) しかないのよ。知ってる？ 野犬が主人公の漫画。熊を倒す犬の話なんだけど。

ちょっと話がそれるけど、『流れ星 銀』っていうのは20～30年前の漫画で、リメイクも最近やってたんだけど。「絶・天狼抜刀牙」って必殺技があって、犬がグルグルまわるのよ、空中を飛びながら。**で、最後のほうは竜巻を操れるのよ、犬なのに。**これ、スタンダードよ、ジャンプでやってたんだから。主人公が犬なんだよ、里見八犬伝みたいなやつなんだけど、『BEASTARS』(※4) みたいな擬人化したやつじゃなくて、ちゃんとした犬。しゃべる犬が熊と戦うんだけど、最終的に仲間のひとりが、**犬なんだけどヘビをイメージした必殺技使うのよ。**フッハハハハ～。ヘビになれるのよ。ヘビの仮面して、犬がね。

そういう漫画しか知らないんだけど、「『腕、食いちぎってやるよ』ってどういうこと？」って思ったら、先輩がね、「いや、それは言えないよ」って言うの。そしたら、後輩が「言ってやればよかったんですよ、『腕、食いちぎってやるよ』って、課長に」って言ったの。「**課長!? え、会社の話？**」って思って。リアルな会社で「腕、食いちぎってやるよ」って言う話って、「これは事情が変わってきたな……」と思って。『男塾』（※5）的な会社なのかなって一瞬思うじゃん。

全然わかんねーな、もう集中して隣の話を聞かねーとダメだなと思って。耳傾けてたら、「私だったらその場で言ってますよ」って後輩が言ってて。先輩が「言えないよ」って言うと、「いや、マジあいつムカつきますよね」「よく課長までいけましたよ、あいつ」って言うから、課長との会話の中で「腕、食いちぎってやるよ」って言うってことだから、これちょっとしたミスじゃ出てこない、セクハラかなと思って。セクハラで、お尻さわったとか？　それにしても、ちょっと強すぎるなと思ったんだけど、それくらいしか想像できないなって。

「いや、これはもうちょっと聞かないといけないな」と思ったから、キーボードを叩くフリをするのをやめて。その瞬間、ADから「画像データどうでした？」ってLINEが来たのよ。で、

LINE無視してたら、電話が来たの。それも即切りして。ちょっと隣に集中しなきゃいけないから。パソコンに手をかけて仕事するフリして、イヤホンは完全に外して、右に集中して。

そしたら、今度は課長の悪口になっていったのよ。「課長、そもそもパーソナルスペースめちゃくちゃ近いじゃないですか？　急に近づいてくるんですよ、あいつ」って後輩がね。やっぱりセクハラなのかなと思ったら、後輩が「あいつ、忍びだと思うんですよ。音もなく近づいてきて指示するじゃないですか」って。フハハハハッ。「おや？」と思ったら、後輩がまた課長の悪口言い始めて、「あいつあと、腕毛だけすげー濃いじゃないですか。**あいつ、腕毛だけ美容院通ってると思いますよ**」って。フハハハハ。

「あれ、ちょっと待ってくれ。この後輩、めちゃくちゃおもしろくねーか？」と思って。後輩のしゃべりにパワーがあるなと。これあれだな、キーボード叩くフリして聞こうと思ってたんだけど、作戦を変えて、**仕事するフリしてこいつらの会話を書き起こしたいと思って。**フハハハッ。完全に書き起こしね。とりあえずADから来るLINE、無視して。集中しないと。**俺、書記だから。**

で、「腕、食いちぎってやるよ」の流れが全然わかんないじゃん、まだ。集中して聞いてたら、後輩が止まらないのよ。「おかしくないですか？　あの課長、しゃべるときだけマスク下ろすんですよ、この時期に。**あいつ、息に毒がある能力者だと思うんですよ**」つって。フハハハハ〜。「普段は封印してるんですよ」「あんなマスク、引きちぎってやればいいんですよ」って止まらないの。

「あれ、こいつ、すげーおもしれーな」と思ったら、さらにテンション上がって、「だから、そんなこと聞く必要ないんですよ、課長の言うことなんて」って。先輩が「いやでも、上司だし」って。「いや、ちょっと待ってくださいよ。先輩たち、このご時世に狭い会議室に押し込まれてるんでしょ？　派遣はスペースないって。でも、社員はちゃんと席離して2メートル空けてるじゃないですか。けっこうな人数が在宅に切り替わってますよ」と。「先輩たち派遣で、システム系だからって、狭い部屋に押し込められて、そこで作業させられて、コロナどうするんですか？」みたいなことになってて。「まあだから、部長には言ったけど」って。「そしたら課長キレたんでしょ？　課長キレて、『俺を飛ばすな』って怒られたんでしょ？　なんて言われたんですか？」って言ったら、「いや、『飼い犬に手を噛まれた』って」。「そんなこと言うヤツいます？　このご時世に？　クソダサいっすよ。部下にちょっと上に報告されたからって、『飼い犬に手を噛まれた』って言うヤツ？　**私、その場で言われてたら、『じゃあいますぐ腕、食**

いちぎってやろうか？』って言いますよ」って。

「つながったぁ〜!!」と思って。しかも、こいつの話、ちゃんと正しかったと思って。

全然間違ってなくて、一本気なヤツ。しかも、トークがちゃんと成立してるヤツだった〜！と思って。「友だちになりて〜！」と思ったうえで、パタンとパソコン閉じてね、「フリートークできた」と思って。フハハハハ。カフェからね、仕事は何もせずに帰りました。ランチ代千円でフリートークもできましたわ。ワハハハハハ。

（※1）石田スイによる漫画。人間を喰らう怪人「喰種（グール）」が登場するダーク・ファンタジー。

（※2）岸本斉史によって『週刊少年ジャンプ』で連載された、忍者たちが戦うバトル漫画。

（※3）正式なタイトルは『銀牙―流れ星 銀―』。1983年から1987年まで『週刊少年ジャンプ』で連載された、高橋よしひろによる漫画。

（※4）板垣巴留による漫画。こちらも登場キャラクターは動物だが、擬人化されており、二足歩行で洋服を着ている。

（※5）1985年から1991年まで『週刊少年ジャンプ』で連載された、宮下あきらによる漫画『魁(さきがけ)!!男塾』。とにかく根性や気合や男気にあふれた、男の中の男しか出てこない熱血漫画。

この日のプレイリスト
YO-KING「Hey! みんな元気かい?」

この日のおすすめエンタメ
漫画『君は放課後インソムニア』

佐久間船長の人生相談

2019年10月8日、本多劇場にて開催された番組イベント「佐久間宣行のオールナイトニッポン0（ZERO）リスナー感謝祭2019～sailing day～」内の企画を特別収録。会場に集まったクルーの悩みを、佐久間船長が解決しました。

お悩み①　超遠距離恋愛、続けるべき？

現在付き合って5年になる、願わくば結婚したいと思っている彼女がいるのですが、今年からチェコに留学することになり、距離9千キロ、時差7時間の超遠距離恋愛となってしまいました。この先遠距離恋愛を続けていけるか心配です。船長アドバイスをお願いします。

（男性・21歳）

うまくいった話を聞かないんだけど……

これ、ジェーン・スーとかに聞くやつじゃない？　ジェーン・スーでも違うか、みちょぱとかに聞くやつじゃない？　どうでもいいけど、みちょぱの人生相談、めちゃくちゃおもしろいです。何を聞いても「ラブホに行け」って答えるっていうね。「令和の北方謙三」と呼ばれてるっていう。

チェコに留学して、時差7時間の超遠距離恋愛？　**本当のこと言うとですね、僕の知り合いで海外に渡って超遠距離恋愛になってうまくいったカップルがま**

だいないんで。本当にリアルに、いったん別れればいいんじゃないかと思って。

でもこうなってくると、あれだな、「いったん別れればいいっていうのもどうなのかな？」って思いますよね。いや〜大変だと思いますよね。ごめんごめん、別れないほうがいいと思う。で、何年間行くんですか、彼女は？

相談者「え〜、チェコに7年間です」

う〜ん……無理だろ〜〜!!

お悩み マンション、いま買ったほうがいい？

いま、お付き合いしているのが45歳のおじさんです。賃貸に住んでいるのですが、オリンピック前にマンションを買ったほうがいいでしょうか？　あとでしょうか？

（女性・32歳）

買わなくて大丈夫です！

あ、これはわかる！　43歳のおじさんに聞いてくるのはわかりますけど、**買わなくていいと思います。**いろんな不動産のプロの人とかに聞くと、いま買っても高いから、ここから急に上がることはないと思うから、（急いで買わなくても）いいんじゃないかってたいてい言います。

僕、『ソクラテスのため息（～滝沢カレンのわかるまで教えてください～）』っていう番組でお勉強の企画をやってるんですけど、オリンピックのこととか調べているとだいたいプロはそう言うので、これはズバリ、買わなくて大丈夫です！

ちなみに、なんで「付き合っている人が45歳のおじさん」って書いたんですか？　マンションの話だけでよくないですか？　僕と年齢が近いってことですか？

相談者「確かに、気持ちがわかるのかなあって思って」

そうね、45歳のおじさんはね、所有欲がけっこうあるからね。マンション持ちたくなっちゃうんでしょ？　高いところで買いたくなっちゃうんでしょ？　**それはおじさんの見栄だから無視して大丈夫。おじさんにはわかります。**

お悩み③　子どもの誕生日を特別にしたい

もうすぐ子どもが1歳の誕生日を迎えます。思い出に残る誕生日にするためには何をしたらいいでしょうか？　ご提案をお願いします。

（男性・37歳）

子どもだけに目を向けないほうがいいです

あー、1歳の誕生日かぁ。娘の1歳の誕生日は、僕は全部準備していたんですけど、娘がインフルエンザ的なものになってそれどころじゃなくなって、何もやってないんですけど。なんだろうなぁ……うちの娘はいま13歳なんですけど、異常なぐらい動画は撮っといたほうがいいですよ。あとはですね、これは本当に具体的なアドバイスなんですけど、**奥さんといっしょの写真を撮ってあげたほうがいいです。**あの、たいてい娘をワンショットで撮るか、自分と撮っちゃうでしょ。僕もそうなんですよ。でね、あとで写真をバーッと見ると、「はぁ……私が1枚も写ってない」って言われて。絶対奥さんとたくさん撮ってあげたほうがいい。あとで、10年後くらいにきますから。

まあ、1歳の誕生日なんて、たいてい（本人は）覚えてないんですよ。だから、**1歳の誕生日はなんのためにするのかというと、1年子育てをした奥さんのためにやるんで**。これは俺がやったわけじゃなくて、あとで思い返した場合、そうすればよかったなという俺の反省からくるアドバイスね。写真をたくさん撮るっていうのと、1歳の誕生日は奥さんのためにやるっていうね。はい。

お悩み④ 毎日ちんちんがかゆいです

香港旅行でピンポンマンションという風俗に行ってから、ちんちんが毎日かゆいです。船長、行きつけの泌尿器科を教えてください。

（男性・29歳）

性病になったことないのよ

これ誰？　手を挙げる人いるの？　大丈夫？　おまえ、よく手を挙げたな。かゆい？

相談者「かゆいです」

僕、実は性病になったことないから。18のときに寮生活だったから、東京に出てきて最初の1年目。それで、寮の男子が50人だったんですけど、35人がインキンになるっていう事件があって。それはたぶん、インキンになったヤツが寮の風呂を使ったからで。そのときにみんなで小田急の生田にある泌尿器科に行ったんだけど。それが最初で最後で、いまのところ性病になったことないんですよ。

行きつけの泌尿器科はないから、そうだな、う〜ん……**アンガールズの田中（卓志）に聞いておいてあげる。**田中がなったことあるかもしれないんで、聞いとくんで。すみません。もしかしたらラジオのどこかのオンエアで言います。君だけにわかる形で、言いますので。

厳選フリートーク
家族・友人編

家族は基本的に番組を聴いてないんですけど、たまに会社で奥さんにチクるヤツがいるんですよ（笑）。それで、「パパ、また話したでしょ！」みたいに言われて。娘の話をしちゃったときは、奥さんから聞きつけた娘に、「出演料」として漫画のファンブックを買わされたりしてます。でも、家族がやさしくて、本当に怒らないからこうして話せているんだと思いますね。（佐久間）

年末年始

2020年1月15日放送

年末年始って特番つくってるから、飲み会とか忘年会とかほとんどやらないんですけど、僕、毎年1コだけ忘年会行くんですよ。僕が大学の同級生たちと働いてた高田馬場の居酒屋があるのね。大学3年から卒業まで働いてたところで。味はもうね……これ店長聴いてるかもしれないけど、**普通です**。だって、学生街の居酒屋だから。家族ぐるみでやってる鹿児島料理屋なんだけど。そこでもう20年、俺の大学の友だちが忘年会やってるのね。

そしたら今年、急に大学同期の高橋ってヤツが、ブルーレイのデッキを持って来て。「今日はみんなでブルーレイ観たいんだ」つって。見たら『とんぼ』っていうドラマのブルーレイだったの。

『とんぼ』っていうのは、長渕剛さんが主演（小川英二役）で、1988年のヤクザドラマなのね。「なんでいまさら?」って言ったら、ずっと何かでモメてて映像化されてなかったんだって。それが2019年に、長渕さんがオッケーしたのかどうか知らないんだけど、初めてDVDとブルーレイになったんだって。

高橋が「これ、俺が人生で一番好きなドラマだし、長渕は鹿児島だろ?」つって。また、店長も長渕ファンなのよ。ギターで長渕の「乾杯」弾き始めるようなおっさんだから。で、「**みんなで『とんぼ』観ようぜ!**」って言われて、全然ノらなかったんだけど。フハハハハ。なんで年末に30年前のドラマ観なきゃいけないんだと思ったんだけど、でも、長渕のクレイジーなくらいファンの友だちがさらにいるのよ、井上ってヤツなんだけど。桜島ライブも全部行くみたいな。それで、高橋と井上に「とにかく『とんぼ』を観たい」って言われて、「じゃあ、1話だけな」つって。

俺はもう全然覚えてないんだけど、高橋がめちゃくちゃ覚えてて。「ここでカレー食うんだよな。このカレーのスプーンがさ、水の入ったコップに入ってるのが懐かしいよな～」とかって言うんだけど、俺は全然感情移入できないまま1話観て。もうお願いして、「頼むから最終話にしてくれ」と。このまま真ん中を飛ばして。最終話は長渕剛が刺されて死ぬのね。そこのシーンは俺も覚えてるから、そこだけにしてくれと。「わかったよ、しょうがねえな」って言われたんだけど、みんなもうベロンベロンなのよ。

で、最終話。幸せなシーンのカットバックのあと、電話ボックスを出た長渕剛さんが刺されるわけ。刺されながら路上をフラフラ歩くわけよ。いろんな人が助けてくれない中、「何見てんだ!!」みたいなこと言いながらずっとゆっくり歩くんだけど、思った以上に死なないのね。刺されてから、体感で10分くらい死なないんだけど、フラフラ歩いてるうちに横から声が聞こえてきたのよ、高橋の。

「おい！ 誰か助けろよ！」って。フハハハハッ！**「英二が死んじゃうだろ！」って言い始めて。**そしたら、酔っぱらってる井上も「英二、電話ボックス戻って救急車呼べ！」って言って。もうベロンベロンで、懐かしさのほうが先に来て、応援上映みたいになったのよ。

「英二！」って言ってるヤツらがうらやましくなってさ、俺も我慢してたんだけど言ったほうがおもしろいのかなと思って。最初は茶々入れる感じで、「おい、なんか死なねえな」みたいなこと言ったら、むちゃくちゃ胸ぐらつかまれて。フハハ。**「ちゃんと観ろ！」ってめちゃ**

くちゃキレられて。

しょうがねえから、みんなで「英二～！」って言ってたら、まあ死んだわけ。で、「完」って出たのよ。そしたら、もうベロベロの高橋が**「俺たちの応援が足りなかったんじゃないか？」って言い始めて。フハハハハ～！「もう1回観たら、英二は死なないかもしれない」**みたいなことを言い始めて。そしたら、井上も「そうだな。もう1回観たい。もう1回観たら未来は変わるかもしれない」みたいなこと言い始めて。もうダメだ、ホントに。酔っぱらいの一番ダメなパターン。

もうベロンベロンになって、『とんぼ』の最終話をもう1回観させられたら、今度は井上と高橋が「英二！ 電話ボックスから出たらダメだ！」って言い始めて。フッハッハッハッ！「英二、ダメだ！ 刺された～！」つったら、「英二、そのまま歩いて行ったって誰も助けねえぞ。英二、立ち上がれ！」って言いながら、**結局、最終話4回観たんだよ。**フハハハハ～！

翌日、のどはれてんだから。

この日のプレイリスト

yui（FLOWER FLOWER）×ミゾベリョウ（odol）
「ばらの花×ネイティブダンサー」

日曜日

2020年3月18日放送

今週ですね、日曜日の話なんですけど、休みだったんですよ。娘は部屋にいて。まあまあ、もう中学生ですから。奥さんはバタバタいろいろやってたの。僕はもうスウェット1枚で起きたまんまの格好ね。それでパソコン打ってたら、奥さんから「洗濯機がいま回ってるから、止まったら洗濯物干してくれない?」って言われて、「いいよいいよ、なんで?」って聞いたら、「時計が壊れてて、それをデパートに修理に行きたいからちょっと出かけるわ。ついでになんか夕飯のいろいろ買ってくるわ」って言うから、「わかりました」って言って。

それで、すぐピーピーピーって鳴ったから、洗濯物を取り出そうとしたら大量だったんだよね。「これは時間かかるなあ」と思ったから、そういうときって僕はだいたいスマホをポケットに入れて、ブルートゥースのイヤホンしてラジオとか音楽を聴きながら家事やるんですよ。

そのときはオードリーのオールナイトをつけながら、大量の洗濯物をカゴに入れて、ハンガーとかそういうのも持って。何回も出入りしたくないから。

で、ベランダに向かったのね。うちのベランダってのは、夫婦の寝室からしか行けないのよ。窓を開けてベランダに出てトコトコトコって歩いて、干す場所がさらに1コ隣にあるみたいな。娘の部屋のところにあるみたいな感じなんだけど、娘の部屋からは行けない。夫婦の寝室からしかベランダに出れない。

そこで洗濯物干してたの。けっこう大量にあったから、1枚ずつ干してたら20~30分かかったのかな？　調子乗って普通にスウェット1枚で出ちゃったから、「さむっ！」と思って。1枚着ようかな……いやもうめんどくせえな、あともうちょっとで干し終わるからなと思って、そのまま干し終わって。

で、**部屋に戻ろうかなと思って扉開けようとしたら、全然開かないのね**（**笑**）。全然開かないの。「あれ？」と思ってガチガチやっても全然開かなくて。**よく見たら鍵かかってんの、ちゃんと。**ちゃんとしっかり施錠してあって。よく見たらカーテンも閉じてんの。

「ははーん、これは俺がベランダで干してるのを、もう嫁は忘れてデパート行ったな」と思って。フハハハ。ソッコーで奥さんに電話したの、スマホ持ってたから。でも出ない。全然出ない。

「これは寒い！」と思って、こうなると娘がいたなと。娘の部屋の前だから、このベランダ。でも、いろいろ考えたの。まずかっこ悪いじゃん。かっこ悪いから、なんてことなかったって感じで声かけようと思って。娘の名前を呼んだのよ。「あのさ〜」つって。全然返事ないの。徐々に声も大きくなっていって、ドンドンドン！　ってノックして、「閉じ込められちゃって〜！」って言ったけど返事ないのよ。

「あれ？」と思って、娘の部屋には薄いレースのカーテンがあって奥が見えなかったんだけど、**ガラスに近づいて目を凝らして娘のほう見たら、ヘッドホンしてちょい踊りしてんだよね。**フハハハ！　はいはいはいはいはい、もうオンステージね。オンステージっていうか、音楽聴いてんのよ。楽しい状態？　これは気づかないですよ。ライブ中？　**ライブ中はムリだなと思って。**そのまま1回娘の携帯鳴らしたんだけど、全然出るわけない。LINE送ったけど出るわけない。これはもうムリだなと思って。ちょっと待つかと思ったんだけど、もう手がかじかんでくるくらい寒くなって。フハハハ。

もうやだよ～って奥さんに電話したの。デパートのノイズがブワ～って聞こえる状態で「鍵閉めたでしょ」って言ったら、「あ～！　ごめんごめんごめん！」つって。戻るのに30分はかかるし、今日時計は修理に出したいって言われて。フハハハ。「修理に出してもろもろするとどのくらいかかる？」って聞いたら、「1時間くらいかかる」と。

はいはいはいはい、ちょっと1回切りますって電話切って悩んだのよ。待つか1時間……どうする？　いや、もうムリだな。これは手がかじかんでしょうがない。前日雪だからね、土曜日。あの天候だから！　44でベランダに閉め出されるって……**小学校のころに万引きとかしたりして食らう罰じゃん。**フハハハハッ！

だけど、パって見てたらもう1コ窓があんのよ。ちっちゃい窓で、横に開ける窓じゃなくて、外にせり出す窓。滑り出し窓っていうのかな？　それがリビング側の、エアコンの室外機の上にあるんだけど、5センチくらいだけ開いてたの。そこにロックがあるから、中に手を入れて外せばちょっとずつ開くはずなのね。ロックを押してる間だけしか外に開かないやつなんだけど。

「**これだ！　これに賭けるしかない！**」と思って、まず手を突っ込んだんだけど、手首までしか入らなくて「痛い痛い痛い！」つって戻したの。何回やってもムリで、これはもうあきらめようかなと思ったときに、室外機の上に細長い石があったの。これね、うちが亀を育ててるんだけど、水槽に亀の遊び物として入れてたやつが外に出てたの。それがギリギリ入るくらいの大きさだったのよ。その亀の石を握って5センチの隙間に突っ込んで、ロックをちょっと押して開くってやろうと思ったんだけど、「痛い痛い痛い！」つって1回戻したの。戻したときに気づいたんだけど、**めちゃくちゃ臭いの、その石が！**　フハハハッ。亀の水槽に数年入ってた石だから。

でも、この石に頼るしかなくて、また入れてそのロックをちょっと力を入れて押したら、ちょっとだけガコンって開いたの。1回じゃムリだから、それを何回か繰り返して、30～40センチくらい開いたの。で、亀の石戻して。

さあ開いた30～40センチ。リビングにここから無理してでも入ればなんとかなると思って、まず1回頭だけ入れたのよ。頭だけ入れて一気にいこうと思ったんだけど、ガコーン！　と肩がぶつかって。わかったわかった、1回のチャレンジでムリなのはわかったと。

今度は左の腕を入れて、首をグルっと回してちょっとずつその回転する軸に体を合わせていくわけ。同じ軸になっていくわけね。そこから俺の計画では、右手で窓を掴んで一気に自分の体を押し出せば入れる。もう体力も尽きてきたから一気にいくしかないと思って。で、手を入れて右手で窓をつかんで「行こう！」と思った瞬間ね……**亀の石ずっと握ってたからすげー臭いのよ、手が。**ワハハハハハ！　顔の近くに来ちゃって（笑）。「クサッ！」と思ったら、今度は左のほうに頭をガン！　ってぶつけて。フハハハ。めちゃくちゃ痛いし臭いしって状態になって、俺、『ドリエン』（※1）とかもいろいろがんばったのに、なんで日曜にこんな目に遭ってるんだろうなと思いながら、でもここで手を離したら終わりだと思って。

　そのまま臭いのを我慢して、ちょっとずつ室外機に両脚上げてそのまま出ようと思ったけど、**ゴロゴロ！　って転がる感じでリビングにバンっと落ちたのね。**転がったの。エアコンの室外機から行ってるから。そのままガン！　って落ちたら、娘が「うわ〜っ!!」って言って。フハハハハ。娘が普通にリビングにいて。音楽1〜2曲で聴き終わるから、**ただ待ってればよかったっていう。**ワハハハハ！　俺のこの15分から20分の活劇？　誰にも認められない活劇？　フハハ。ただ娘に軽蔑の目で見られて。

　そのあと嫁が戻って来て、なんとかこういうことがあって戻れたよって言って、嫁から何か謝罪があるかなと思ったら、「**それフリートークでしゃべれんじゃーん**」って。ワハハハハ！　しゃべれたんだよね（笑）。

（※1）『佐久間宣行の東京ドリームエンターテインメント』。２０２０年2月18日～21日の４夜連続で放送された ニッポン放送の特別番組。

この日のプレイリスト SUPERCAR「FAIRWAY」

この日のおすすめグルメ ３２０６本店「デビルドエッグサンド」（神谷町）

金曜の夜

2020年12月9日放送

先週のね、金曜の話なんですけど、特番時期だったからずっと忙しかったんだけど、仕事が珍しく8時ぐらいに終わったんですよ。だったんで、仕事終わった奥さんと、塾終わりの娘と家族3人でごはん食べて、家帰ったんですよ。10時前ぐらいに。9時すぎぐらいに帰って。木曜は「マジ歌」の収録で朝から晩までだったの。そのまま金曜日も収録があったからあんま寝てなかったのもあって、家帰って10時ぐらいにパソコンの前に座ってメール返信しようと思ったら、もう記憶がないというか、うとうとして寝ちゃって。起きたら深夜の12時半だったのね。

で、自分の部屋からリビング行ったら、もちろん真っ暗で。家族全員寝てて。「うわ〜、へンな時間に寝ちゃった〜。しかも、目が冴えちゃったな」と思って。翌日も収録だったの、土曜日。だから、これは寝ないとダメだなって。でも寝れないから、「あ、なんかお酒飲もうかな」と思って、冷蔵庫開けたらシャンパンがあったんですよ。

そのシャンパンは、先週の誕生日に番組スタッフがくれたんですね。それが冷蔵庫に入れっぱなしになってたから、「あ、シャンパンあるじゃん」と思って。そういや今年、「マジ歌」の打ち上げもやってないから、そっか、**ひとりで打ち上げやろうと**。「マジ歌」が無事録れたっていうお祝いをしようと思って。

じゃあリビングでなんか観ようかなと思ったら、『アメトーーク!』の「ついつい深夜に食べすぎちゃう芸人」が録画してあったから、「そうだそうだ、これ好きなシリーズだから観よう」と思って。観ながら、シャンパン開けて飲み始めたの。飲んでたら、東京03の飯塚(悟志)さんがすごいのよ。獅子奮迅の活躍で。「悟志、やるな~」みたいなね。**飯塚でグイグイ飲めちゃうわけ**。フッハッハハ。

それから20~30分、俺、ちょっと飲んで寝ようと思ってたのに、シャンパンけっこう飲んじゃって、パッて顔上げたら娘が立ってたの。「え、飲んでんの?」つって。「どうしたの?」って聞いたら、この時期テスト期間とかいろいろあって、寝不足だったから、娘も俺と同じように部屋で寝ちゃったんだって。で、起きちゃったっていう話になって。「あ、そうなの？　寝なくて大丈夫なの？」って言ったら、「まあ、明日土曜だし」ってなって。

「もうちょっとしたら寝るよ」って言うから、俺は『アメトーーク！』観てたの。娘はちょっとだけ漫画読んでて、「何食べてるの？」って聞くから、それね、俺、最近もうめちゃくちゃ好きなつまみがあるんだけど、長谷食品の「焼たらチーズシート」っていうのがあるのよ。これね、オーブンで2分だけチンして食べると、うすーいタラのシートの上のチーズがトロトロに溶けて、それでシャンパン何杯でもいけんのよ。「**そんなもん食ってっから太んだよ**」って娘に言われて。フッハハハハ。だけど、「まあまあ食べてみ」って言ったら、食べたの。食べたら、「**うまっ！**」って。


で、ふたりでけっこう盛り上がって、俺は飲んでて。ちょっとしたら娘が「ちょっと携帯使わせて」っつって。携帯の充電が切れてて、調べたいことがあるからって調べてたら、いつのまにか娘が俺の携帯でリズムゲームみたいなの始めたの。

まあいいかと思ってたら、ＬＩＮＥの音がポンってしたのね。「誰から？」って聞いたら、「シオプロってかいてあるから、シオプロのＡＤさんかな？」って。「じゃあちょっと貸して」って言ったら、「いや、ちょっといまやってるから」って。リズムゲームをね。「いやでもその、いま24時半とかよ。こんなときにADさんから来るなんて絶対トラブルだから、すぐ見たいから」って。「いや、ちょっとやってっから、ゲーム」つって。「ダメダメ、返してください」って。「いや、やってっから」って。プチケンカね。ハッハハハハ。「いや、返して」「いや、もうちょっとで終わる！」って。

やりながら、「俺もあったな〜、親とこういうこと」「俺も親になったら言うようになったんだな」って思いながら「ちょっと返してよ」つって、ちょっと酔ってたのもあるから、携帯を思いっきりつかんだの。で、パッと取ったわけよ。そしたらその反動で、**シャンパングラス、シャンパンボトル、ガーン！　なみなみ注がれたシャンパンが入ったワイングラスが落ちて、ガーン！テーブルからワイングラスが落ちて、ガシャーン！　バリバリバリビシャーン！　ってなってて。**もう俺も娘も、**「チーン……」**っていう。フッハハハハ！「シーン……」っていう。あんなに盛り上がってたのに。

ふたりそろって「うわ〜……」って言って、お互いに「ごめんね」っていう話になって。で、目を合わせて「どうする？」ってなって。「24時半……こんなの寝てるお母さんにバレたら終わりですよ。これは、片づけるしかありませんな」つって。そっからふたりで片づけを開始したのね。

まず、新聞紙とかチラシを持ってきて、でっかい破片を集めて。で、新聞紙にくるんでガムテでグルグルにしたあと、問題はシャンパンのビシャビシャと、けっこう散らばった細かい破片よ。一番危険なやつ。だから、それをキッチンペーパーで集めながら拾ってたんだけど、拾えないわけよ。ビシャビシャなのも、まだ全然とれないわけ。これはもう掃除機かな、とも思ったんだけど、ダメだと。**掃除機なんてかけたら奥さん起きるじゃん**と思って。奥さん起きたら、「何やってたんですか?」→「はい、酔っぱらってグラスを割った、ビシャビシャに」→「はい、そこ座ってください」ってなるじゃん。ハッハハハハ〜。「マジ歌」とかいろいろがんばった挙句のこれは絶対にないから。だから、掃除機はない。そうなると、ティッシュペーパーでもとれないから、Tシャツだなと。いらないTシャツでくるんで集めるしかないと思って、自分の部屋に行って、『ゴッドタン』の古いTシャツ持ってきて、「いままでお世話になった『ゴッドタン』……いまからおまえを雑巾に使います」って言って、雑巾に使って集めてたの。で、集めてたんだけど、やっぱ全然とれないわけ。掃除機使わないと細かい破片なんてとれないから、すげー時間かかるなと思ってやってたら、**ハッて気づいたら、俺しかいないの、リビングに。**「え……?　あいつ逃げやがったな」と思って。フハハハ。いないのよ、部屋に娘さんが。「やべー、いねー」と思って。「え、俺ひとり？　あいついつのまにか……俺がTシャツ取りに行ってる間にいなくなった？　寝た？」と思って。ま、寝て当然なんだけど、中2だから。「そりゃないよ！」って怒りに行こうかなと思ったけど、行ってケンカしたら絶対にバレるから。奥さんの隣の部屋だから。「クッソ！　これは片づけるしかない……」と思って、ひとつずつ拾って、キッチンペーパーで慎重に拭きながら一箇所ずつやったんだけど、全然進まないのよ。

　どんどんテンション落ちてきて、「何がひとり打ち上げだよ。寝りゃよかったんだよ……」って思いながら片づけてたら、「お待たせ」って聞こえて。パッと見たら、**娘がリビングの入り口に立ってて。**「**これ使えばよくない？**」**ってクイックルワイパー持ってきたの。**フッハハハハ〜！　「玄関からこっそり持ってきた。ゆっくり持ってきたから時間かかっちゃったけど。これ使って、お父さん。いっしょにやろう」つって。「**ムスメぇ〜！**」「**疑ってごめん！**」って。

　娘とそこからクイックルワイパーで破片を集めて。慎重にやるけど、こっちはクイックルワイパーがあるからグイグイ集められるの。いままでとスピードが違うから。それで一箇所に集めて、新聞紙でくるんでまとめて、ガムテでグルグル巻きにしてビニール袋に二重に入れて、さらに床を何度も拭いて、ふたりで。ピッカピカにして。完璧。**24時50分、ミッション完了。**娘と目を合わせて大きくうなずいて、「**お疲れ様でした。完全撤収。おやすみなさい**」って。フハハハハ。

で、それぞれの部屋に帰ったわけよ。「よかった、安心した〜」と思って、寝たのよ。まあ疲れもあって昼前まで寝ちゃってて、11時ぐらいまで。で、起きて、リビングに行ったわけ。そしたら奥さんがコーヒー飲んでて。「コーヒー入ってるよ、お父さん」なんつって。「あ、機嫌は悪くない、はいはいはいはい、しめしめ」「**実はここにシャンパンがこぼれたとも知らずに……**」と思って。ハハハハハ。

キッチンで俺もコーヒー入れようかなと思ったら、奥さんが「**あれ、パパなんか割った？**」って言われて。「ん……？　どうしたんだろう？」と思って、「は？　いやいやいや、わかんない」つって。「いや、なんか割ったでしょ？」って。「いやいや、割ってないよ」って言ったら、「いやいや、ムリムリムリムリ。割ったでしょ？」って言われて。

「え、何？　昨日の出来事の中でなんか俺がミスったものがあった？　なんかあった!?」と思ってたら、「あのね〜、床がピカピカすぎるんですよ〜。**この家で床をピカピカにする**

のは、私しかいないはず。はい、私やってません。床ピカピカです。何かをこぼして拭いたとしか考えられません。どうですか、佐久間さん？」って嫁がね。いやいや、「**嫁畑任三郎**」が。ガッハハハハ！

「えっ⁉」と思ったんだけど、いや、まだ証拠が弱いと思って、「そう〜？　あ、でも俺、拭いたかもしんない。拭いたは拭いたかもしんない」って。フッハハハハ。嫁畑にね、言ったら、「いやいやいや、まあまあそうですか」って言って、奥さんがゆっくりね、手を上げたの。ゆっくりね、人差し指を上げていって、指差した先ね、そこをパッと見たら、**はっきりクイックルワイパーが立てかけてあって。**

「これがなんでここにあるんですか？」って言われて。「これは普段、玄関にありますよね？　玄関にあるクイックルワイパーがここにあるということは、何かを割って、掃除機をかけたら私が起きちゃう。それでクイックルワイパーを使ったんじゃないですか⁉」って言われて、「**……すいませんでした！**」って。フッハッハハハハ〜！　「嫁畑さ〜ん！」「お察ししますす」って。完バレです。

この日のプレイリスト

TRICERATOPS「Raspberry」

この日のおすすめエンタメ

ニューヨークチャンネル『ザ・エレクトリカルパレーズ』

お正月

2021年1月6日放送

年末年始に起きた事件が1コあって。1月2日に『逃げ恥』（※1）を観たの。会議を4時間半もやっちゃったからリアルタイムで観れなくて、ごはん食べたあと夜中にタイムシフトして観たんだけど。

星野源さん演じる平匡さんと、新垣結衣さんが演じるみくりさんの赤ちゃんが出てきて。赤ちゃんが生まれるシーンと、平匡さんがコロナ禍でけっこうつらい気持ちになったときに赤ちゃんの写真がみくりさんから送られてきて、その写真をたくさん見て涙を流しながら「世界はまだ、こんなにも美しい」って言うシーンがあって。それがすごい感動的なシーンだったの。

そうなると、始まっちゃうじゃん。**観ちゃうじゃん、自分の娘の子どものころからの写真を。**その勢いでね、夜中の1時から。我が家の娘の動画とか写真っていうのは2

パターンあって、昔から携帯で撮っててスマホに移行してるやつと、デジカメで撮ってて画質がいいから携帯には入れられなくてＰＣにずっとためてるやつ。スマホのやつは見返せるけど、ＰＣのやつはなかなか見返すことはないわけ。でも、この際だから見ちゃおうと思って、酒飲みながら見始めてたのよ、生まれたときからの写真をね。

見始めてたら、これ、いまのスマホだったら入るから、**ベストセレクションを移動させたほうがいいんじゃないかと思って。**俺と娘のベストショットをマーキングして、エアドロップでスマホに入れていくって作業を２時間くらい、酔っぱらいながらやってたのよ、新年早々ね。フフフ。

やってたら、２年ぶりにある動画を発見したのね、１分半くらいの。その動画っていうのは、２０１０年12月にキッチンで撮った動画なんだけど、娘３歳で俺が34歳くらいかな？　でね、その動画って、後半15秒くらいだけ切り取って、**俺がスマホに入れて10年間ずっと、何百回も観続けた動画の完全版なの。**

どういうことかっていうと、その15秒だけ切り取ったやつは、34歳の俺が「パパに何か言いたいことありますか？」って言ったら、娘が「**お父さんが好きすぎて困ります**」って言う動画なのね（笑）。うん、ごめんね？　フハハハハッ。その切り取った15秒を俺は、そんなこと言われたのが人生最初だし、まだ2歳半とか3歳くらいだから……まあ正直それが最後なわけ。**その宝物の動画を、俺は代々のスマホに全部移植して、本当に仕事の合間とかつらいときとか大事なときとかに、そこの15秒だけ観てたのね。**

「キス我慢選手権」で一発撮りで映画を撮るぞと。これしくったら2〜3千万損するぞみたいな。その本番の前にも動画ピッってつけて「**お父さんが好きすぎて困ります**」、よしがんばろう！　とか。

会社に泊まり込んで特番の編集とかしてて、マジこれ終わんねえな……「**お父さんが好きすぎて困ります**」みたいな。

あと、『ＳＩＣＫＳ』（※2）っていうコントドラマと、『ウレロ』が2クール連続で続いた地獄のような半年。朝からドラマのロケやってタクシーでテレ東に戻りながら「また会議だ〜」と思ってるときに、寝なきゃな〜と思ったけどピッってつけて「**お父さんが好きすぎて困ります**」みたいな。よし、がんばろうみたいな。

なんだったら、「マジ歌ライブ」と特番がふたつ重なってあまりに仕事が忙しくて帰れなくて、夫婦ゲンカしてめちゃくちゃ嫁に怒られて家に帰れなくて、**夜中の公園で観たこともあ**

るよ。フハハハハハッ！

そういうことがあったこの10年間、俺を支えてくれた「お父さんが好きすぎて困ります」動画の完全版。あ、そうだこれ15秒とかじゃなくて1分半くらいの動画だったわと。それが発見されたから、観てみたの。

観てみたら、俺がカメラ持ってキッチンに潜入して、奥さんと娘が料理してて。「いま何やってます？」「玉ねぎむいてます」「お手伝いえらいですね」って俺が言って。そしたら娘が「昨日は玉ねぎがちょっと目にしみた」って言ってて。「すごく上手です」って俺が話しかけてたら、嫁がね、なんかイライラし始めて。「ちょっとお手伝いの邪魔やめて」みたいな。ちょっとピリッとして。俺がそれで「じゃあもうすぐインタビュー終わるけど、パパに何か言いたいことありますか？」「お父さんが好きすぎて困ります」って言うの。**「あれ？」と思って。ちょっと違和感を感じたの。**ずっと観続けてる動画だけど、完全版を観たら違和感を感じたの。

何かな？　あれ？　なんか……。で、もう1回観る。頭から観る。「お父さんが好きすぎて困ります」。あれ？　ちょっと違うなと思って。前後の動画を観ようと思ってその1日前の動画を観たら、娘が「ちょっとパパ撮りすぎよ、動画～。遊ぼうよ～。パパが撮ってるから遊べないじゃん！」って言ってて。「おや？」と思って。そのあとの動画観たら、お絵描きしながら「もういいよ、動画は〜！」って言ってるの。「パパもういいから〜」って言ってるのよ。「おやおやおや？」と思ったの。

「お父さんが好きすぎて困ります」。俺は10年間これを観て……急に体がブワーって冷え切って。「あれ？」と思って。**これもしかしたら〝お父さんのことを好きすぎて困ります〟じゃなくて、娘は〝お父さんが私を好きすぎて困ります〟って意味で言ってたんじゃねえかっていう……**。俺、10年間勘違いして、それに勝手に支えられてきたんじゃないかって。これストーカーだなと思って。

「うわ、ヤベー」と思って急に体冷え切って、そこから眠れなくなって。睡眠もほとんどとれないまま、翌朝、娘がリビングにいたから動画観せて、「これさ、これどっちの意味かな!?これさ、『(娘が) お父さんが好きすぎる』っていうことだよね？『俺が (娘を) 好きすぎる』って意味じゃないよね!?」って動画観せて言ったの。そしたら娘が「**好きなようにとっていいよ**」って言った。フハハハハハッ！　うぅ〜ん……「**じゃあ俺は信じることにする！**」って。フハハハハハッ！　10年間思ってたことを信じることにするっていう (笑)。

（※1）ＴＢＳ系の特番ドラマ『逃げるは恥だが役に立つ ガンバレ人類！新春スペシャル!!』。

（※2）『ＳＩＣＫＳ～みんながみんな、何かの病気～』。２０１５年に放送された、おぎやはぎとオードリーがメインキャラクターを演じるコントドラマ。前半は別々に展開していたコントがつながり、後半からドラマ的に展開していくという構成が話題を呼び、ギャラクシー賞を受賞した。

この日のプレイリスト

サンボマスター「歌声よおこれ」

この日のおすすめエンタメ

アニメ映画『ジョゼと虎と魚たち』

あとがきマンガ

水曜深夜3時

佐久間宣行

1988年
水曜深夜3時に
目覚ましで起きる
ジリリリリ
ジリリ
中学になって
買ってもらったラジカセは
チューニングがなかなか合わない
ガガー
ガー
いっじゅういん光の
オールナイト
ニッポン
深夜に起きてしまい
偶然 聴いて以来
水曜の深夜3時は
特別な時間になった
親にバレた時に
すぐ寝たフリ
できるように
してる

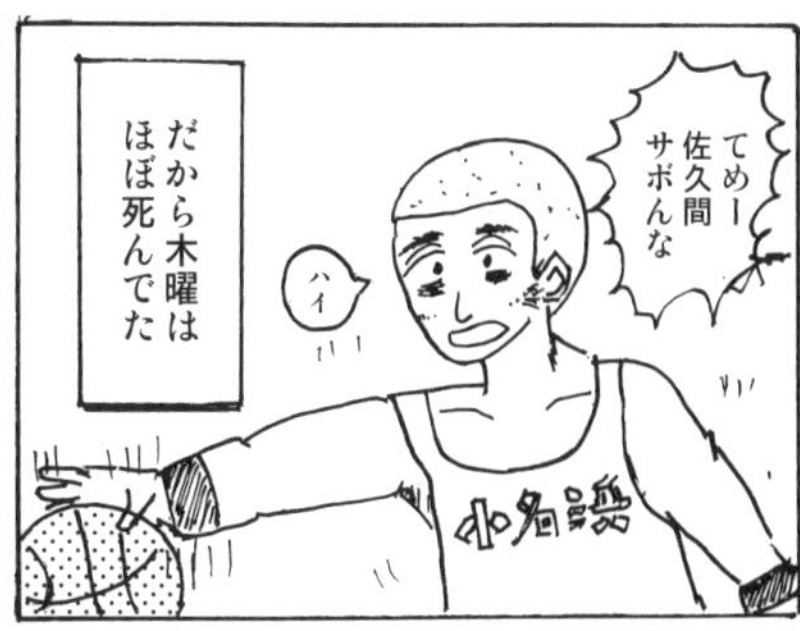
てめー
佐久間
サボんな
ハイ
だから木曜は
ほぼ死んでた

芳賀ゆい
ってのが
あってさ
いくら説明しても
クラスの誰も
知らなかった

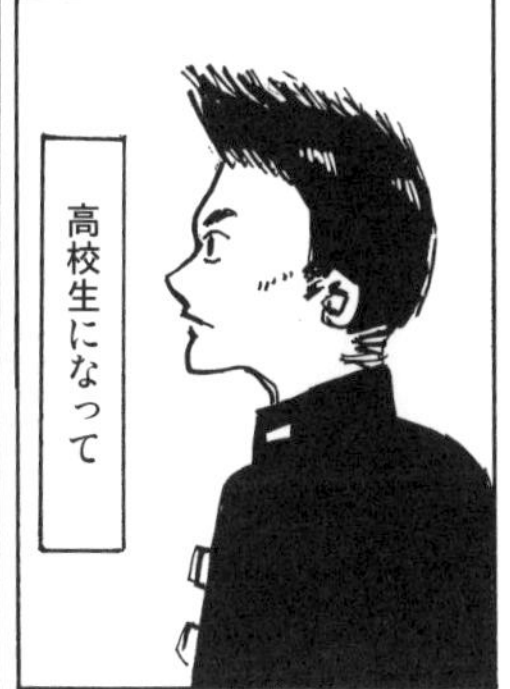
高校生になって

さくさん
電気グルーヴって
知ってる?
知ってる
すげー
知ってる
すげー
好き
バッ
つねに
ねぶそく
初めて電気の
オールナイトを
聴いている同級生に会って
テンションが上がった

高3の受験勉強は
本当にラジオのおかげで
乗りきれた
東京の私大に
変えたいって
いつ父ちゃんに
言おう…
福山
マサハルの
オール
ナイト
ニッポン
高校の入学祝いに
ばあちゃんたちが
くれた
ミニコンポ

上京して寮生活を始めたのも
一生の友達ができたのも
ナイナイはぜったいANNやるね
親友のアベ
やるね
ぴあ本社前でチケ取りのため徹夜する
全部ラジオのおかげだ
就活して
ラジオは落ちてテレビ局に行った
うちじゃお笑いなんてできないよ
俺に呪いをかけたWA
凹んだ時も結果が出ない時も
それはお前ができないだけだろ
たいていは
面白いラジオに救われた
ラジオで話される番組つくりてー
やべっち寿司に浜田さんがきたやろ…あれ…

2021年
ピピピピピピピ
0時に仮眠から起きてこっそり家を出る
ソロリ
※忙しいと寝れない
キューをふられた時毎回思う
03:00:01
カツッ
佐久間宣行のオールナイトニッポン0♫
あの頃と同じ水曜3時
自分の声が
電波にのって届くなんて
ウソみたいだ

ラジオって…ヤベーな

佐久間宣行のオールナイトニッポン0（ZERO）

パーソナリティ
佐久間宣行

ディレクター
齋藤 修（ミックスゾーン）

構成
福田卓也
チェ・ひろし

プロデューサー
冨山雄一（ニッポン放送）

普通のサラリーマン、ラジオパーソナリティになる
佐久間宣行のオールナイトニッポン0（ZERO）2019―2021

企画
石井 玄（ニッポン放送）

編集
後藤亮平（BLOCKBUSTER）
小澤素子（扶桑社）

編集協力
龍見咲希（BLOCKBUSTER）

デザイン
山﨑健太郎（NO DESIGN）
小川順子（NO DESIGN）

写真
山川修一（扶桑社）

イラスト
後藤亮平（BLOCKBUSTER）

校正・校閲
玄冬書林

スタイリング
福田幸生（若林正恭）

協力
けんひち（あとがきマンガ）

スペシャルサンクス
荒木優太郎、小鍛冶優子、菊田知史、
大坪秀嗣、寺本剛、吾郷大介

普通のサラリーマン、ラジオパーソナリティになる
佐久間宣行のオールナイトニッポン0（ZERO）2019―2021

発行日　2021年7月4日　初版第1刷発行
2021年7月30日　第4刷発行

著者　佐久間宣行
発行者　檜原麻希
発行　株式会社 ニッポン放送
〒100-8439
東京都千代田区有楽町1-9-3
発売　株式会社 扶桑社
〒105-8070
東京都港区芝浦1-1-1
浜松町ビルディング
電話　03-6368-8870（編集）
03-6368-8891（郵便室）
www.fusosha.co.jp

印刷・製本　中央精版印刷株式会社

ISBN 978-4-594-08742-5